你若盛开 蝴蝶自来

文 娟 编著

吉林文史出版社
JILIN WENSHI CHUBANSHE

图书在版编目（CIP）数据

你若盛开　蝴蝶自来 / 文娟编著. -- 长春：吉林文史出版社，2019.2（2019.8重印）

ISBN 978-7-5472-5855-2

Ⅰ.①你… Ⅱ.①文… Ⅲ.①人生哲学−通俗读物Ⅳ.①B821-49

中国版本图书馆CIP数据核字(2019)第022061号

你若盛开　蝴蝶自来

出 版 人　孙建军

编 著 者　文　娟

责任编辑　弭　兰　曲　捷

封面设计　韩立强

出版发行　吉林文史出版社有限责任公司

地　　址　长春市人民大街4646号

网　　址　www.jlws.com.cn

印　　刷　天津海德伟业印务有限公司

版　　次　2019年2月第1版　2019年8月第2次印刷

开　　本　880mm × 1230mm　　1/32

字　　数　201千

印　　张　8

书　　号　ISBN 978-7-5472-5855-2

定　　价　38.00元

 **前言**

很多女人都想做别人眼中的焦点人物,想拥有梦想的成功和幸福,但并不是每一个女人都能做到这一点。有的女人花尽了心思却并不能赢得别人的好感;而有些女人不用做什么就能吸引别人的目光,总会有人众星捧月般地围绕在她们的身边,甚至成功与幸福也会不期而至。为什么会有这么大的区别?毫无例外,那些能吸引他人的女人都有着完美的性格。这就如花与蝴蝶的关系,盛开的鲜花,芳香醉人,自然会引来翩翩彩蝶。

花红不为争春春自艳,花开不为引蝶蝶自来。好性格的女人,她们的每一个微笑、每一个动作、说出来的每一句话,都能够让人感觉到她们与众不同的气质与魅力。不管在职场还是生活中,她们总是可以应对自如,将一切打理得井井有条。所以,好性格的女人,在拥有成功人生方面占有着绝对的优势,因为她们总能在第一时间引起别人的注意,得到别人的帮助和尊敬。

张德芬曾说:"学会接受自己的不快乐,接受人生的不完美,碰到不喜欢的事情时,接纳它、面对它、处理它、放下它,自在轻安!当你把你的内在世界调整得很好的时候,你的外在世界就会自然而然变得很顺利。"

只要心中有春,春就在;只要心花盛开,蝴蝶就来。一个拥有良好性格的女人在人际交往中,总是坦然地呈现最真实的自己,懂得自爱与爱人,她身上散发的性格魅力使她时刻成为一个受欢迎的人；一个拥有良好性格的女人在职场上，谈笑风生，从容自若，不被压力击垮，不为自身情绪所左右，她总能不断激发自身潜能，展示出最好的自己；一个拥有良好性格的女人在婚姻中，温婉、宽容、独立，注重在沟通中保鲜自己的爱情，她知道幸福的婚姻是对彼此性格的接纳与完善。你会发现，有她们的地方，就有属于她们的舞台，而且她们必定是舞台上的焦点；好性格的女人从不矫揉造作，她们活得洒脱，不追求浮华，不会有不切实际的欲望，不因虚荣迷失自我，不因贪婪而扭曲自尊；这样的女人拥有一颗平静恬淡之心，她们如一杯清茶，散发着淡淡的清香，如一缕清风，洋溢着花朵的芬芳。

　　只有修得一段雅量，才能与幸福有约。人生从来都不是一帆风顺、平平坦坦的，会有起伏跌宕、生离死别，会有名利诱惑、否定怀疑。心若在前行中畏惧疼痛而退缩了、枯萎了，生命便无法绽放光华。唯有学会经营生活、完善自己，你才可以做一朵常开不败的铿锵玫瑰。因此，无论世界变成什么样，你都要安心地做自己。人生不是等待而是创造，命运从来都掌握在自己手中。烦恼的事，放开些；伤心的事，看淡些；苦痛的事，乐观些。人生不长不短、不紧不慢，调整好自己的步调，努力修炼自己、完善自己吧！让性情更优雅，让心灵更平和，让性格更完美，只要你不停下追寻的脚步，幸福和快乐自然一路相随。

目录

第一章

优雅，与年龄无关，
与自信有关

自信的女人最具吸引力

只有自信的女人，才不会仅把漂亮的容貌当成可靠的朋友，她还会在不知不觉之中用自信彰显深藏在灵魂中的内涵和美丽。

哈佛大学的调查机构曾经做过一个调查，总结出几项男性被调查者所认为的女人令人厌烦的仪态、举动：交谈过程中不敢和人对视，目光犹疑不定；忧心忡忡的神情；被激怒、生气的表情；厌烦的表情；拘谨的站姿；僵硬的步伐；落落寡合的举动。

如果对这些举动稍加分析，就可以发现一个共同点，那就是它们基本上都跟女人的不自信有关。也就是说，自信与否能直接影响到女人的魅力指数。自信能使女人更加漂亮、迷人、性感，更具吸引力；相反，如果少了从容和自信，即便有沉鱼落雁之容、闭月羞花之貌，也会失去吸引力。

自信的女人，无论她的外貌多平凡，也会因为拥有独立人格、真性情，拥有自己的事业和朋友而流光溢彩。因为她懂得将外表、内涵和肢体语言融合为一，呈现出一种独特的、迷人的自然魅力，让人无法抵挡。自信女人的美丽是一种从容到极致所散发出来的美丽。

自信的女人相信自己在任何年龄都能散发出迷人的魅力：20 岁时青春靓丽，30 岁时有女人味，40 岁时善解人意，50 岁时的智慧则是年轻人无法拥有的。

自信的女人心态平和，不会故意摆出一副女王的姿态，她们会对趾高气扬、矫揉造作、装模作样的行为嗤之以鼻；自信的女人不会当唠唠叨叨的让人厌烦的碎嘴婆，没事不惹事，有事也会点到为止，不会得理不让人；自信的女人不光待人接物落落大方,不拖泥带水,有主见、有原则,而且也会恰到好处地在人前示弱,自然随意地表现女人的温柔乖巧;自信的女人有个性,不过分依赖,不对别人言听计从,不委曲求全,让人觉得她能对自己的行为负责,让人有安全感,可以放心与她交往下去。

自信的女人有自己的事业,她们不把命运的缰绳交到别人的手里,不把希望寄托在男人身上,不会在遭遇男人背弃的时候手足无措,让生活变得一团糟;自信的女人懂得生活,懂得体现自己的人生价值。她们每天都充实地生活,总能带给孩子、爱人、朋友以最灿烂的笑容和赏心悦目的感觉。

自信的女人在爱情中也不会迷失自我,她们会给自己和对方都留出一定的自由空间:既和男人保持一定的距离,又让男人渴望接近。自信的女人不会纠缠,合则在一起,不合则分开。

自信的女人相信自己是男人心目中理想的女人,走在公共场所,她会保持微笑,向那里的男人传递"我可以拥有你们中的任何一个人"的信息,她还会默默告诉自己:"我要找出你们当中我最喜欢的那个人"或者"被我看中的男人应该感到幸运"。自信的女人不允许男人对她说:"你什么都不用做,我养你一辈子。"

自信的女人不会总是害怕失去爱情,不会一天24个小时抓着男人不放。自信的女人对自己的魅力有把握,知道男人逃不脱自己的手掌心。

自信的女人不会依附于任何人,她是独立的,而且能够在生存游戏中掌握主动权。

自信是长期修炼的结果。如果你对自己没有信心,那就给自己一些暗示。先在外表上给自己加分,穿上有品位的服装,穿上漂亮的高跟鞋,化上漂亮的妆容。

女人不自信,往往是因为对自己的外表不满意,在穿着打扮上占了上风,你就成功了一半,你会因此体验到无比自信的感觉。

与别人接触的时候，也要注意通过身体语言传达自信的信息，展现出最美、最冷静、最自信的一面：挺胸收腹，立直身体，保持潇洒的体态；放松肩膀和面部肌肉，步伐坚定而缓慢，给人以轻松的感觉；接受对方的凝视，并传递出"我比你更有魅力"的暗示。

古人说"女子无才便是德"，那只是把女人变成男人附属品的借口。真正有吸引力的女人是那些多才多艺、有内涵、有头脑、有能力的女人。一个睁眼不知天下事的女人，不可能让任何人感到震惊和折服。

无论你是貌若天仙还是相貌平平，只要你能自信地昂起头来，你就是美丽的。自信的女人最具吸引力。

把自信当外套，做优雅的自己

自信原本就是一种美，一种持久的美。天生丽质，拥有花容月貌般的女人固然很漂亮，但缺少了自信、优雅、从容、淡定的漂亮，未必是美丽的。

对美的追求永远是女人的天性。无论为悦己者，还是为了自己的绽放。现代女性总是不知疲倦地奔走在追求完美的路途上，她们努力寻找各种各样的方式来修复自身某些瑕疵或者不满意的部位。这些盲目追逐美的女人却不知道，优雅才是女人最美的外衣，是一种永不褪色的美丽。

女人的优雅是娴静之美，润物细无声，若隐若现的美。那一颦一笑，是万绿丛中一点红，动人春色不须多的优雅。女人话要少、妆要淡、笑容可掬、爱执着、赏心而又悦目。常能让人感觉不出她真实的年龄。优雅是女人最美丽的衣裳，穿上它，再普通的女人也会神采奕奕。

著名作家毕淑敏女士曾说过:我不美丽,但我拥有自信。

让我们做一个自信的女人,每天清晨与阳光同时出现,肩上洒满阳光,步履轻盈,精神焕发,昂首挺胸,神采奕奕,信心十足地投入到生活和工作中去。古今中外,无数仁人志士拥有自信,推崇自信,从而成功。

爱因斯坦这个名字似乎代表着 20 世纪科学成就的巅峰,这与他拥有着无与伦比的自信心是密不可分的。在相对论发表后的一段时间里,很多人都提出了质疑,他遭遇到前所未有的批评、攻击和谩骂,甚至有人还用极具"创新意识"的手段,挖空心思地炮制了一本看上去论据确凿的书,书名叫《百人驳相对论》。

对这一系列的打击和责骂,爱因斯坦却从来没有对自己的学说产生丝毫的怀疑,对于这些,他曾这样说:"假如我的理论是错误的,一个人反驳就足够了。一百个零加起来还是零。"事实证明,爱因斯坦是正确的。相对论的提出是物理学领域的一次重大革命,它推动物理学发展到一个新的高度。

一位法国物理学家曾经这样评价爱因斯坦:"在我们这个时代的物理学家中,爱因斯坦将位于最前列,他现在是、将来也还是人类宇宙中最有光辉的巨星之一。"

的确,对于代表虚无和空洞的零来说,即使一千个、一万个又有多大意义呢?而唯有真正的自信,永远有着绿树常青的生命力。

一个女人一旦拥有了自信就会拥有美丽,就会拥有"呼之即来,挥之则去"的洒脱,也更拥有了"点滴滴,入心底"的从容。因此,从某种意义上来说,拥有自信比拥有美丽重要得多,因为自信可以随着日月的递进而历久弥新,而美丽却不能,所以,自信女人的一颦一笑所散发出的成熟的馨香,是一种耐品耐读的美。

高尔基也指出:"只有满怀自信的人才能在任何地方把自信

沉浸在生活中，实现自己的意志。"因此，自信是很多奇迹的萌发点。玫琳凯就拥抱自信，用乐观的心态开拓了自己的美丽事业。

玫琳凯化妆品公司创始人玫琳凯·艾施女士，她的一生可谓是多灾多难，她的创业史也是一部辛酸的眼泪史，可是那些困难并没有把她打垮；相反，人们从她的身上看到了自信的笑容，看到了对生活永不磨灭的热情。

1918 年，玫琳凯·艾施出生在美国休斯敦，高中毕业后就和罗杰斯结婚了。3 年后，丈夫却抛弃了她，这位年轻的母亲不得不独自带着 3 个孩子开始了艰辛的生活。这是她人生的最低谷，带给了她无尽的自卑、痛苦和眼泪，还有因伤心而带来的一身病痛。

当时，玫琳凯前去医院看病。医生诊断说她患了风湿性关节炎，甚至很快就会完全瘫痪。可是为了抚养 3 个嗷嗷待哺的孩子，她还是擦掉眼泪坚强地面对生活，她相信生命不会如此不公地对待自己，霉运总会离去，阳光迟早会降临。

为了维持生计，她找了一份销售员的工作，无论多累多苦，她都相信自己不会被病痛打倒，她相信自己一定能渡过低谷。于是，她在工作的时候总是微笑着服务，保持着最好的状态。奇迹出现了，自信居然治好了她的关节炎！她曾自嘲地说："原来上帝是喜欢积极的生活态度的。"

1963 年，已经 45 岁的玫琳凯依然相信自己的生命会有奇迹出现，生活可以更美好。于是，她毅然辞职，和小儿子用尽了所有积蓄，成立了玫琳凯化妆品公司。可是在公司开张之前，玫琳凯的第二任丈夫因肺癌离世，这对玫琳凯来说，又是一次沉重的打击。痛定思痛，她擦去眼泪对悲伤的儿子说："哭是没有用的，相信自己可以成功，不要放弃！"

玫琳凯做到了，公司安然渡过了创业困境，并且很快成长为美国一家颇有名气的企业，到现在玫琳凯已经走出美国，走向了世界。而玫琳凯女士也成为成功女性的典范。

玫琳凯的自信绝不同于自以为是和孤芳自赏。自信是一种冷静的态度和客观的自我评价，自信是一种积极进取和准确的自我定位，自信是一种巨大的力量和遭遇困难永不低头的精神。那种顽固不化、固执己见的自以为是和孤芳自赏，是多少头力大无穷的牛也拉不回来的悲哀。

每个人的生活都会充满坎坷，有时甚至是让人难以承受的灾难。相信未来，相信自己，相信在下一次的尝试中自己会做得更好。玫琳凯用她的经历告诉我们，无论发生了什么事情，都要笑着活下去。财富时代，女人不是弱者，把自信当外套，我们也可以像男人一样活出精彩，做最优雅的自己。

生活中的我们的条件未必会比玫琳凯的境遇更糟糕，但是很难拥有的是和她一样的心境，面对困境，磨难，依旧相信美好，相信今后会比以前更好。一个人的一生都不是一帆风顺的，如果没有信心，如何才能快乐、幸福地生活呢？

自信的女人，热爱生活，热爱事业，热爱家庭，沉稳干练，思维敏捷，内心丰富，高贵典雅，沉着大方，个性充满无限魅力，她们的脸上永远透着自信的光芒，自信的女人活得很精彩！因此，面对人生路途上的坎坷或是挑战，让我们勇敢地相信自己，拥有自信，走向成功的彼岸。

自动自发地去与命运抗衡

善于驾驭自我命运的人，是最幸福的人。在生活道路上，必须善于做出抉择：不要总是让别人推着走，不要总是听凭他人摆布，而要勇于驾驭自己的命运，调控自己的情感，做自我的主宰，做命运的主人。

作为女人，我们要知道，虽然命运有时不因为我们的意愿而改变，但是我们却可以通过自己的行动去让自己变得更强，让自己自动自发地去与命运抗衡。哈佛大学心理学家布伯曾用一则犹太牧师的故事阐述一个观点：凡失败者，皆不知自己为何；凡成功者，皆能非常清晰地认识自己。失败者是一个无法对情境做出确定反应的人。而成功者，在人们眼中，必是一个确定可靠、值得信任、敏锐而实在的人。

成功者总是自主性极强的人，他总是自己担负起生命的责任，而绝不会让别人驾驭自己。他们懂得必须坚持原则，同时也要有灵活运转的策略。他们善于把握时机，摸准"气候"，适时适度、有理有节。如有时需要该出手时就出手，积极奋进；有时又需稍敛锋芒，缩紧拳头，静观事态；有时需要针锋相对，有时又需要互助友爱；有时需要融入群体，有时又需要潜心独处；有时需要紧张工作，有时又需要放松休闲；有时需要坚决抗衡，有时又需要果断退兵；有时需要陈述己见，有时又需要沉默以对；有时要善握良机，有时又需要静心守候。人生中，有许多既对立又统一的东西，能辩证待之，方能取得人生的主动权。

要驾驭命运，从近处说，要自主地选择学校，选择书本，选择朋友，选择服饰；从远处看，则要不被种种因素制约，自主地择定自己的事业、爱情和崇高的精神追求。

你应该掌握前进的方向，把握住目标，让目标似灯塔在高远处闪光；你得独立思考，独抒己见；你得有自己的主见，懂得自己解决自己的问题。要知道，你的品格、你的作为，就是你自己思想的产物。

的确，人若失去自己，是天下最大的不幸；而失去自主，则是人生最大的陷阱。赤、橙、黄、绿、青、蓝、紫，你应该有自己的一方天地和特有的色彩。相信自己、创造自己，永远比证明自己重要得多。你无疑要在骚动的、多变的世界面前打出"自己的牌"，勇敢地亮出你自己。你该像星星、闪电，像出巢的飞鸟，果断地、毫不顾忌地向世人宣告并展示你的能力、你的风采、你

的气度、你的才智。

自主之人,能傲立于世,能开拓自己的天地,得到他人的认同。勇于驾驭自己的命运,学会控制自己,规范自己的情感,善于分配好自己的精力,自主地对待求学、就业、择友,这是成功的要义。要克服依赖性,不要总是任人摆布自己的命运,让别人推着前行。

相信自己比什么都来得重要

能够成就大事的人,永远是那些信任自己的人;是敢于想人所不敢想、为人所不敢为、不怕别人眼光的人;是勇敢而有创造力的、往前人所未曾往的人;更是那些勇于向规则挑战的人。

每个人的能力是不一样的,甲拥有 10 成的能力,乙拥有 5 成的能力,丙拥有 1 成的能力。如果丙把 1 成的能力全部使出来,就应该给他 100 分;但是乙拿出 1 成能力,只能得 20 分;甲拿出 1 成能力,则只能得到 10 分。有些时候,一个人究竟拥有怎样的能力并不重要,重要的是他是否能够将这些能力充分地发挥出来。一个人即使只拥有一项能力,但能够使之不断提高,不断增强,他也是成功的,也比那些虽拥有十项能力却不发挥的人更能创造优秀的业绩。一个人业绩的好坏,主要在于他在工作中的表现。工作的表现主要以行为为导向,知识和能力是核心,思维模式是外围,态度是第三层。一个人的知识、能力和思维模式不太容易很快提高或改变,但是态度很容易改变。

有时候我们自认为的缺点,旁人眼中的我们所谓的"负面性格",也许恰恰是我们的潜能所在,所以我们要学会发掘自身的闪光点,让自己多一分自信。

事实上,没有人能够在一生之中成功地、完全地实现"实在的自我"所具有的全部潜能。我们的"自我",我们表现出来的"外显的自己"从来也没有彻底发挥过"实在的自我"所可能发挥的力量。我们常常可以学得更多,做得更好,表现得更得体。实在的自我是不完美的,毕生之中它都朝着理想的目标前进,但是从未到达过这个目标。真实的自我不是静止的东西,而是活动的东西,它不会是完整的,也不会是确定的,但确实是一直在茁壮成长的。

不要逃避负面状态的现实,逃避绝对不能战胜自我,无论多么痛苦,也必须面对,然后从根本上找出问题的根源;要给自己鼓劲,学习接受这种"实在的自我",既要接受它的优点,也要接受它所有的缺点,因为它是我们表达自我的唯一工具,也是突破自我潜能的最有效办法。现在是一个竞争激烈的年代,要想获得成功,就必须突破固有的规则,展现全新的自我。

凡是一个人不相信自己能够做成一件从未为他人所做过的事时,他就永远不会做成它。你能觉悟到外力之不足,而把一切都依赖于你自己内在的能力时,不要怀疑你自己的见解,要信任你自己,尽量表现你的个性。

姗姗在学校时是一个有名的才女,她无所不通,论口才与文采也是无人可与之媲美的。大学毕业后,在学校的极力推荐下,她去了一家小有名气的公司。

公司里,每周都要召开一次例会,讨论公司计划。每次开会很多人都争先恐后地表达自己的观点和想法,只有她总是悄无声息地坐在那里一言不发。她原本有很多很好的想法和创意,但是她有些顾虑,一是怕自己刚刚到这里便"妄开言论",被人认为是张扬,是锋芒毕露;二是怕自己的思路不合领导的口味,被人看作是幼稚。就这样,在沉默中她度过了一次又一次激烈的争辩会。有一天,她突然发现,这里的人们都在力陈自己的观点,似乎已经把她遗忘在那里了。于是她开始考虑要扭转这种局面,但这一切为时已晚,没有人再愿意听她的声音了,在所有人的心中,她已经根深蒂固地成了一个没有实力的花瓶人物。最后，她终于因为她的保守思想付出了代价，她失去了这份工作。

所以，女人要大胆地放开思路，突破自我的思想局限，努力进取，才能取得成功。

相信太阳每一天都是新的

只有经常憧憬美好的未来，才能始终保持奋发进取的精神状态。不管命运把自己抛向何方，都应该泰然处之。不管现实如何残酷，都应该始终相信困难即将克服，曙光就在前头，相信未来会更加美好。

对尚未到来的事情，女人不要总是表现出忐忑不安，而是要心存盼望地看待未来。因为有时候，命运会受控于我们的思想，如果自己希望发生好的事情，那么就可能发生好的事情，但是如果自己一直都在恐惧和不安中度过，那么很可能命运就会顺从你的意愿，给你安排更多的苦难和不幸。

有一个普通得不能再普通的女人。1937年她丈夫死了，她觉得非常颓丧，而且她几乎一文不名。她写信给她以前的老板李奥罗区先生，请他让她回去做她以前的工作。她以前靠推销《世界百科全书》过活。两年前她丈夫生病的时候，她把汽车卖了，现在她勉强凑足钱，分期付款才买了一辆旧车，又开始出去卖书。

她原本想，再回去做事或许可以帮她走出她的困境。可是要一个人驾车，一个人吃饭，这几乎令她无法忍受。有些区域简直就做不出什么成绩来，虽然分期付款买车的数目不大，她却很难付清。

1938年的春天，她在密苏里州的维沙里市，见那儿的学校都很穷，路很差，很难找到客户，她一个人又孤独又沮丧，有一次甚至想要自杀。她觉得成功是不可能的，活着也没有什么希望。每天早上她都很怕起床面对生活。她什么都怕，怕付不出分期付款的车钱，怕付不出房租，怕没有足够的东西吃，怕她的健康状况变糟而没有钱看医生。让她没有自杀的唯一理由是，她担心她的姐姐会因此而觉得很难过，而且她姐姐也没有足够的钱来支付自己的丧葬费用。

　　然而有一天，她读到一篇文章，使她从消沉中振作起来，使她有勇气继续活下去。她永远感激那篇文章里的一句很令人振奋的话："对一个聪明人来说，太阳每天都是新的。"她用打字机把这句话打出来，贴在她的车子前面的挡风玻璃上，这样，在她开车的时候，每一分钟都能看见这句话。她发现每次只活一天并不困难，她学会忘记过去，每天早上都对自己说："今天又是新的一天。"

　　她成功地克服了对孤寂的恐惧和对生存的恐惧。她很快活，也还算成功，并对生命保持着热忱和爱。她知道，不论在生活上碰到什么事情，都不要害怕；她知道，不必怕未来；每次只要活一天，"对一个聪明人来说，太阳每天都是新的"。

　　在日常生活中可能会碰到令人兴奋的事情，也同样会碰到令人消极的、悲观的坏事，这本来是正常现象，如果我们的思维总是围着那些不如意的事情转动的话，就很容易失去前进的动力。因此，我们应尽量做到脑中想的、眼中看的以及口中说的都是光明的、乐观的、积极的，相信每天的太阳都是新的，明天又是新的一天，发扬往上看的精神才能使我们在事业中获得成功。

　　古希腊诗人荷马曾说过："过去的事已经过去，过去的事无法挽回。"泰戈尔在《飞鸟集》中也写道："只管走过去，不要逗留着去采了花朵来保存，因为一路上，花朵会继续开放的。"的确，昨日的阳光再美或者风雨再大，也移不到今日的画册，我们为何不好好把握现在，充满希望地面对未来呢？

真心真意地热爱自己

热爱自己，是源于对生命本身的崇尚和珍重，这可以让我们的生命更为丰满、更为健全，让我们的灵魂更为自由、更为豁达，让我们成为自己精神家园的主人！

只有首先学会热爱自己，你才会真正懂得爱这个世界。

热爱自己是自信人生的起点。要想做个自信的女人，你就一定要学会爱自己，精心经营自己的美丽，储藏自己的精力，关爱自己的健康，呵护自己的心灵，使自己无论何时何地、遇到何事何物都能淡定从容。

只是，明白这个道理需要一个过程。

随着年龄的渐长，你就会明了女人生命中最重要的一条法则：在自信、自强之前，先要自爱。

热爱自己，有太多的理由，也有太多的方式，可惜没有一个课本列出详细的课程来教女人如何爱自己。然而，女人应该学好这样一课：在爱别人之前，要先学会爱自己，学会怎样珍惜自己，怎样让自己活得精彩，不成为别人生活的附庸。

"我很不快乐。"一位年轻女孩儿的声音。"为什么呢？""我总觉得自己不如别人，做事总做得不够好。""你能说说是哪些事吗？""比如这星期有门课程的论文我写了，但担心自己写得不好。老师要求课堂上进行答辩，我非常紧张，觉得自己答得一团糟，但是，班上的同学却觉得我回答得还挺不错，虽然这样，但我仍觉得很沮丧。"

生活中，跟这个女孩儿一样，因对自己不满而陷入痛苦的女人太常见了。每当这时，我们就应该好好反思这样一个问题：我们懂得爱自己吗？

　　26 岁的年轻护士汪美琪失恋后变成一个泄了气的皮球。她说，我是一只折断翅膀的丑小鸭，整个世界都把我抛弃了。可是，她忘了，这个失恋的汪美琪是天下独一无二的汪美琪。如果她学会喜欢自己、爱自己，她就不这么傻了。

　　每个女人都该明白这样一个道理：若没有我，我的自我将变成一纸空文；若没有我，我的生命将戛然而止；若没有我，我的世界将变成一片废墟。尽管在整个宇宙我不过是沧海一粟，但对于我自己，我是我的全部。为此我首先珍重自己，才能得到别人的珍重；我必须善待自己，真心真意地关爱自己，才对得起造物主的恩赐。

　　美丽的汪美琪终于学会了自省，晚上躺在床上对自己说，我这是怎么了？为什么要这样虐待自己？从前处事干练的我哪里去了，为什么自己就不能走出这段伤情呢？仔细想想，我没有什么不对。是他不对，是他玩弄了我的感情，应该难过的是他而不是我。那我究竟是为了什么呢？经过几夜的反省，汪美琪终于找到了问题的症结：自尊，狭隘的自尊。原来，她小时候家人对她如同众星捧月，所以她从未受过别人的冷落，她的痛苦归根结底不是为了失去的那个男人，而是为了自己狭隘的自尊。于是她对自己说，现在我明白了，那样的自尊不能要，它不过是虚荣的幻影，一个坚实的自尊来自于真正的自爱。我爱自己，还有什么可以自惭形秽的呢？就这样，否定了自己的虚荣，汪美琪不再痛苦了，她很快走出了失恋的伤情，坦然地接受了成熟的庆典。

　　我们仔细想想，一个不懂得爱自己的人，会真正懂得去爱他人、爱这个世界吗？

　　回顾一下我们所受到的教育：从儿时起，家庭、学校的教育要求我们学会爱祖国、爱党、爱人民、爱父母、爱同学、爱朋友……我们逐渐知道，作为一个社会的人，应该学会爱这个世界，甚至包括面对敌人时，也应该努力用宽厚的爱去感化那冷漠仇恨的心，但我们却唯独遗漏了那个最重要的角色——我们自己。

假如在人生的早期没有人教我们这一课,那么,我们现在就要及时为自己补上这一课:学会爱我们自己。

英国作家毛姆说,自尊、自爱是一种美德,是促使一个人不断向上发展的一种原动力。痛苦与磨难是生命必经的历程,你只能靠你自己;最孤独的时候不会有谁来陪伴你,最伤心的时候也没有人来呵护你,只有你自己;经历着一些必经的经历,只有靠自己;跨越一些生命中必然要遇到的难题和障碍,也只有你自己。

然而,许多女人都在迷惘、困惑的路上迷失了自己,不知道该往哪个方向走,不知道怎样为自己找到一条充满阳光的大道,那种无助的眼神、悲凉的心情让我们感慨不已。其实每个人活着都不完全是为了自己,我们还有亲人、朋友,所以在感到迷茫,在对生活失去信心、对未来失去勇气之时,我们还要想想身边的亲人与朋友,这些关切的目光告诉我们:要坚强地学会爱自己。

因此,你没有理由不好好爱自己,应该学会在失败时给自己打气。为了父母、朋友和兄弟姐妹,你也要学会好好爱自己,因为爱自己就等于爱那些疼你、关心你的亲人和朋友。

所以,在我们走出去影响世界之前,让我们首先爱上这个虽不尽完美但依然优秀的自己。

只有首先学会热爱自己,你才会真正懂得爱这个世界。

学会热爱自己,不是让我们自我姑息、自我放纵,而是让我们学会勤于律己和矫正自己。我们拥有的关怀和爱抚随时都有失去的可能,我们必须学会为自己修枝剪叶、浇水施肥,使自己不会沉沦为一棵枯荣随风的草。

学会热爱自己,是让女人在寂寞难耐、孤独无助、困苦无援的时候,在必须独自穿行凄风苦雨的长巷的时候,在没有人与我们共同承担人生磨难的时候,学会自己给自己一个坚定的笑容,自己给自己送一朵娇艳的鲜花,自己给自己一颗柔韧的心灵。

学会热爱自己,就是要让自己时刻保持对自我的充分信任,用时不待我的激情去挑战生活,挑战未来。

把自卑扔出天空外

自卑感产生的原因只有一种：我们没有用适合自己的"尺度"来判断自己，而用某些人的"标准"来衡量自己。

至少有95%的女人，其生活多少要受到自卑感的干扰。自卑感之所以会影响我们的生活，并不是由于我们在技术上或知识上的不如意，而是由于我们有不如人的感觉。不如人的感觉，产生的原因只有一种：我们不是用适合自己的"尺度"来判断自己，而用某些人的"标准"来衡量自己。如果这样做，毫无疑问地，只会带来低人一等的感觉。

比如说，你知道你的乒乓球比不上张怡宁，唱歌比不上毛阿敏，但你大可不必因为比不上她们而产生自卑感，使你的人生黯淡无光，也不该只因为某些事情无法做得像她们那样，而觉得自己是块废料。就算你是一个打乒乓球或唱歌不行的人，这并不能说你是个"不行的人"。张怡宁和毛阿敏没办法替人动外科手术，她们是"手术不行的人"，但这并不意味她们是"不行的人"。行不行，这全部取决于用什么标准来衡量自己，拿什么人的标准来衡量自己。

事实上，世界上没有两片完全相同的树叶，也没有两个完全相同的人，你没有必要拿别人的优秀来夸大自己的不足。记住：你不"卑下"，也不"优越"，你只是"你"。

你身为一个个体的人，不必与别人比较高下，因为地球上没有人和你一样。你是一个人，你是独一无二的，你不"像"任何一个人，也无法变得"像"某一个人，没有人"要"你去像某一个人，也没有人"要"某一个人来像你。

著名作家三毛的自杀为读者留下痛苦，也留下问号。是《滚滚红尘》的失败使她自杀？不，《滚滚红尘》的失败只是她自杀的导火线，其实在她的心中，早就因自卑萌发了自杀的念头。

少年时代的三毛因沉湎于"闲书"而不能自拔，初二第一次月考，她4门课不及格，数学更是常得零分。初中二年级第二学期，因为怕留级，她决心暂不看闲书，跟每位老师都合作，凡课都听，凡书就背，甚至数学习题也一道道死背下来，她的数学考试竟一连得了6个满分，引起了数学老师的怀疑，就拿全新的习题考她，她当然不会做。数学老师即用墨汁将她的两个眼睛画成两个零鸭蛋，并令她罚站和绕操场一周来羞辱她，严重地损伤了她的自尊心，回家后她饭也不吃，躺在床上蒙着被子大哭。第二天她痛苦地去上学，第三天她因害怕被嘲笑不敢进校门。

从那天起，三毛开始逃学，她不愿让父母知道，还是背着书包，每天按时离家，但是她去的不是学校，而是六犁公墓，静静地读自己喜欢的书，让这个世界上最使她感到安全的死人与自己做伴。从此，她把自己和外面的热闹世界分开，患了医学上所说的"自闭症"。

父母理解她，当他们了解真相后，即为她办了退学手续，自此，她"锁进都是书的墙壁……没年没月没儿童节"，甚至不与姐弟说话，不与全家人共餐，因为他们成绩优异，而自己无能，她曾因此自卑地割腕自杀，为父母所救。

作为作家，她当然很想超越自己，以再造一个撒哈拉时期的轰动，但是未能如愿。再后的教书生涯，讲演、座谈的记录则更平淡。她不甘寂寞抱病创作剧本《滚滚红尘》。当年，台湾电影金马奖评选提名，《滚滚红尘》获包括最佳编剧在内的12项提名，可以说大获全胜。可是，当她盛装赴会，准备接受得奖荣誉时，8项获奖中有"最佳影片奖"，却偏偏没有"最佳编剧奖"，她当场落泪。

青少年时代的遭遇，使三毛产生了很深的自卑感，在以往的日子里，她对自我价值的肯定，常常求证于他人。创作《滚滚红尘》，是希望它能体现对自己的超越，但是，结果不仅没得奖，还受到报刊"草包编剧""外行编剧"的猛烈批评，她还能超越自我吗？身心俱疲的她深深怀疑了，自杀之念也因此萌生。

埋藏心底多年的自卑，就这样把作家三毛送到了另一个世界。

可见，一个女人就算事业上再成功，如果她自己不自信，也是一生都不会幸福的。但是，女人一旦开始自信，一旦把自卑扔出天空外，生活的天空就会变得五彩缤纷。

记住：不要无端地拿他人的标准来衡量自己，因为你不是"他人"。只要你了解这个简单、明显的道理，接受它，相信它，你的自卑感就会消失得无影无踪。

哈佛大学的一位女性研究专家曾说："我们不能够改变一个人的为人——即使我们能够，我们也不会这样做。我们所能做的只是帮助一个人，更有效地运用她所具有的天赋才能和任何优点……我们不能把人们内心里所没有的资质给他们，但可以使他们认识自身的资质，并鼓励他们去开发自己的资质。"

视自己为一个有价值的人，并因为真正有了自信而达到自己所向往的目标——这才是成功之本。

相信自己能做那些未做过的事

自信是引导生命的一盏明灯，一个没有自信的女人只能脆弱地活着，女人只有相信自己，才是成功最可靠的资本，才能把握住自己的资本。

一个士兵骑马给拿破仑送信，由于情况紧急，战马长途奔跑，且速度过快，到达拿破仑的军营后就倒地而死了。拿破仑接到信后，立刻写了一封回信，交给那个士兵，要求他骑上自己的战马，火速把信送回去。

那个士兵看到拿破仑那匹强壮的战马，身上的装饰出奇华

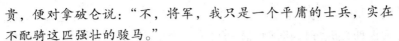

贵，便对拿破仑说："不，将军，我只是一个平庸的士兵，实在不配骑这匹强壮的骏马。"

拿破仑回答道："世上没有任何一样东西是法兰西士兵所不配享有的。"

不具有自信的人就会像这个士兵一样，以为自己地位低微，强者拥有的地位与荣耀是不属于他们的，所以也不配享有。如果拿破仑在指挥部队跨越阿尔卑斯山脉时，对自己的士兵说："前面是阿尔卑斯山脉，由很多难以跨越的高山组成。"那么，军队就很难鼓起勇气前行。

自信的反面是恐惧，就是恐惧行动，恐惧成功。在成功学上，这种心态叫作"成功恐惧症"。它表现在自己还没有行动、还没有尝试前，就对自己下了定论："我不行！"人们常说，中国人谦虚，但谦虚到了极点，就会认为自己什么也做不了了。这种所谓的谦虚，实际上就是恐惧——恐惧行动，恐惧尝试，恐惧失败，也恐惧成功。再者，就是不相信自己，根本就不相信自己有某种能力，有成功的可能。这样，既没有信心，也没有行动，只看别人成功，自己却不去行动。立志成功的人，必须消除这种恐惧的消极的心态，要坚信自己一定能够成功。有了这样的信念，就会采取相应的行动；有了相应的行动，就会开始迈向成功。

对于那些在人际交往和办事过程中容易产生自卑、恐惧、羞怯心理的女人来说，要克服这些弱点，不妨在平常通过下列七个方法来加以改变：

第一，认识自己不自信的来源。总觉得有人在背后责骂自己或总是对什么事情都感到羞耻，找到这些使自己不自信的来源，并仔细地去认识它。将这些来源告诉朋友和爱人，大胆地表达出来。对别人说出来除了能增强自己的勇气，同时也可以获取他们的帮助，找到问题的根源。

第二，认识自己的长处和优点。不要沉迷于自己失败的一面，每个人都有自己优秀的地方，但是没有一个人是完美的。为你拥有的特长和优点感到自豪，毕竟自己还是和其他人一样有优点的。

第三，对着镜子笑一笑，人生是积极的。给自己一个笑脸，不要对生活感到绝望，也不要厌恶或者轻视自己。常常对镜子笑一笑，让你感到更快乐、更自信。

第四，展现自己优秀的一面。让别人认可你，让他们觉得你很厉害，你的自信就会慢慢提升，所以去展现你自己的才艺和优点。朝着自己优秀的方向前进，培养多一些爱好，多交一些良友，使自己变得自信起来。

第五，设定目标，做好准备。为自己设定一个目标，贯注信念，专注其中。做好充分的准备，这样更容易达到目标。要经常鼓励自己，因为你就要成功了！

第六，不要逃避和不敢面对失败。只有弱小的自卑者才会盯着自己的失败和缺点不放。他们逃避现实，不敢自我肯定。有句名言说："现实中的恐惧，远比不上想象中的恐惧那么可怕。"所以，敢于面对挑战，鼓起勇气，你的自信心就会慢慢高涨起来。

第七，为自己制定约束。给自己一点儿压力，制定一些约束，遵守这些约束。在参加生存训练时，就这么对自己说：不管怎么样的活动，什么都得给我尝试一遍。结果可想而知，不仅享受了其中的乐趣，还提高了自己的自信心。所以，为自己制定约束，遵守约束和自我信赖，随着时间的推移，你的信心就会成为你的勇气和力量的来源。

自信让女人独具芳香

自信的女人拥有一种"光环效应"，通身散发着独特的吸引力，自信使她看上去神采奕奕，明艳动人。她总是扬着自信的头，嘴角常挂着微笑，炯炯有神的双目流动着光芒。

有一种女人，即使她没有令人惊艳的姿容，她还是在人群中卓然而立，举手投足之间表现出干练与风度，身边仿佛笼罩着一层光环，被她吸引的人都会称赞她非凡的气度。这种女人就是自信的女人！

事实上，每个女人都是独一无二的美妙存在。我们要怎样才能充分感受到自己的与众不同？怎样才能找到比较成熟的自我？

首先，做个自尊、自强、自爱的女人，尽可能地表现自己的优势。你有什么优点？你能准确地描述自己的长处吗？不要以为说出自己的优点，就是炫耀，在任何应该表现自我的地方都一定要与谦虚说再见。"我英语说得很流畅，可以胜任接待外宾的工作。""我曾获得演讲比赛冠军，请让我负责这次的招商演讲。"说这些话的时候，你应该是自信满怀、话语坚定，你能够做到，就不要藏身人后，白白失去表现自我的机会。即使只是菜烧得好、歌唱得好，会讲一两个笑话，也是可以利用的优点。只要你用欣赏的眼光看自己，仔细地观察自己，就能发现自己具有的优良特质。你的自尊自爱会成为助你成功的力量。

其次，不要做个自贬的女人，动不动便廉价地出售自我。我们的传统教育让女人要谦逊、谦虚、忍让，谦虚过度却变成了消极的自贬。你要做的是看清你自己，所有的长处和短处，所有的优点和缺点，不要总用"我不行"、"我做不到"来暗示自己，久而久之，你会觉得自己毫无价值。如果你自己都用怀疑的目光打量自己，还怎么指望能获得他人的承认和重视呢？

再次，你应坚信"天生我材必有用"这句话。每个人都有自己的长处，也能找到自己的立足之地。

有这样一个女人，她毕业于设计专业，曾做过模特经纪人，就在大家都很羡慕她时，她却选择了离开这个行业，因为在她内心深处，最爱的是形象设计。那时的中国在这个行业中还未出现第一个吃螃蟹的人，没人去打开这个市场，她却挑战了一把，开始从事形象设计和形象咨询，并创立了一家形象沟通顾问公司。

她最初创业时是从一个工作室起步。那时的她发现这个社会十分需要这样的行业，刚好国内还没人从事这样的工作，或者说还没有把它正规化。于是她凭着自己的直觉，凭着自己的爱好，凭着自己的技术走出了第一步，也是这个行业的第一步。用专业的知识和健康阳光的心态影响客户；帮助孤单的离异男女树立自信、快乐地生活；帮助女性提高管理自己和家庭的能力，促进家庭的和谐与和睦。这就是她的初衷，并且一直坚持着。

创业伊始，遇到了不少困难，客户源缺乏、开支大、收入少……但她还是一步一步走出了自己的成功之路。她从来不想做不到怎么办，遇到问题就想方设法解决，终于创造出一番事业。她认为了解别人的女人是聪明的女人，了解自己的女人是智慧的女人。她不仅会给客户提供建议，还会教他们如何寻找到自己，只有知道并且了解了自己之后，才知道如何塑造自己的形象，才会更加自信。而她也正是凭借这种自信，充分发挥了潜藏于自己内心的能量，实现了自己的价值。

斯曼莱·布兰顿博士说："某种程度的自爱，是一个人心理健康的标志。适度的自爱对工作和成就都是不可或缺的。"

的确如此，健康、成熟的生活特征之一是"认识自己"、"喜欢自己"。这种喜欢自己不是自以为是或孤芳自赏，而是冷静、客观地接受自我，怀着自重与尊严去生活。

一个成熟的女人会经常批评自己的表现，知道自己的错误和缺点，但她认同自己一些基本的目标和动机，并将精力花在完善自我方面，而不是对着它们哀叹。

心灵的成熟是一个持续不断的自我发掘过程。在我们对自己有所了解之前，我们无法了解别人。了解自己是智慧的开端，这便是"世界上只有一个你"的现代版。

每一个女性都有自己潜在的力量，有自己可以发挥的作用，有自己存在的价值。女人们，自信起来吧，天生我材必有用！让自信开启人生引擎的爆发力。

第二章

心如晴空，幸福的坐标是自己

独立，魅力女人的必备要素

独立的女人虽然没有小鸟依人的可爱，楚楚动人、惹人怜爱的双眸，但是她们风风火火的行事作风、敢作敢为的勇气，同样让人眼前一亮。

哈佛大学的女性研究表明，独立是魅力女人的必备要素，人格独立才算得上魅力女人。魅力女人在事业上有主见，不受他人摆布；在生活上有自己的朋友，不会因脱离男人而感到孤独。独立是一种很高的境界，它需要高素质的心态和全新的价值观。

女人的独立既包括物质上的独立，也包括精神上的独立。这种独立不是世俗意义上那种女强人的不可一世的特立独行，而是拥有自己的生活空间、内心感受和表达方式。

有工作的女人在物质上有独立感，这种感觉能使她们的精神独立有相对坚实的地基。但不少女人在经济上很依赖男人，不少男人也为此自傲，把女人视为自己的私有财产，甚至轻视女人。很多女人会认为，尽管没有社会工作，但持家也是一种职业。如果男人在外面打拼能有工资，那女人持家也应有报酬。

以往男人总把给家庭的生活费视为对女人的报酬，这是不对的。生活费只是一种家庭必需的成本，它没有在经济上体现持家女人的价值。关心和尊重女人不是一句空话，男人应主动量化女人持家的价值，并愉快地付给这笔象征着对女人价值尊重的工资。千万不要小看这个程序，这是女人走向物质独立的关键。女人有这种独立感才会有尊严感，男人在有尊严的女人面前才会被重视。女人如果缺少这种独立感，那么男人对这种女人就不会有长久的好感，迟早都会背叛。所以，女人首先一定要在物质上、经济上保持独立，那样才会有持久的魅力。

相对于物质独立来说，女人的精神独立更为重要，因为男人活在物质中，而女人却活在精神里。女人精神的独立是对自己的肯定。当女人的精神世界被别人支配时，这样的女人就会十分悲哀。女人可以在自己的精神世界里建起一个美好的王国，当她自豪地感觉到自己就是这个王国的女王时，就会在现实生活中找到自信。女人的精神独立还体现在她的思想是受自己支配的，而不会为别人盲目改变自己。

有个年轻的姑娘爱上了一个她认为极好的男人，由于感觉太好，她想让其他女性朋友分享她的感觉，于是她去征求她们的意见。她的朋友都认为，这么好的男人一定会有很多女人追，将来很难说他能挡得住诱惑。分析得出的结论是：这种男人没有安全感，不值得交往。于是她和这男人分手了，但又因为分手而长期痛苦。后来听说她认识的一个女人却和他结婚了，她只能独自懊悔。

女人精神的动摇是一种不独立的表现。还有很多女人都像得了"预支恐惧症"一样，一接触男人就想将来可不可靠。越想越不对，明明有很好的感觉，一下就开始产生恐惧了。其实生命的意义就在此时此刻的分分秒秒，如果你对一个人的感觉好，就应该跟他去共同营造更好的感觉。

有些女人总认为恋爱就必定会结婚，假如中途分手就觉得丢人，多几次分手更是坐立不安，怕别人议论，这是一种很不成熟的想法。你分不分手是你个人的事，完全不必紧张别人的反应。所以，女人一定要学会在精神上独立。精神独立的女人才能真正地坚强和自信起来，即使面对变幻无常的社会，也不会丢掉自己的微笑。

说到底，女人独立自主的意识，最终决定了女人的独立。

记住，你不是廉价的保姆

一个成熟的女人永远要以自己的意志为转移，不要总是效仿别人，必须懂得坚持自我，按自己的方式生活。

在大多数人看来，女人做家务是天经地义的事情，不做家务的女人称不上是好女人，甚至有很多女性自己也是这样认为的。做饭、洗衣服、收拾家务……就像韩国电视剧《人鱼小姐》中的女主角雅丽英一样，每天都有繁重的家务，不仅要伺候好自己的老公，还要担起家务重担。

王太太和丈夫结婚7年，夫妻间的感情也算得上和睦，虽无太多的激情，却也无较大的矛盾。

然而，不久前，王太太和王先生却办理了离婚手续。王太太很无辜地认为自己没有什么错，王先生也承认王太太对这个家庭付出很多，但却表示没有办法继续一起生活下去。王先生的职业是律师，平时工作很忙，基本上照顾不了家里，于是他提出请保姆。而王太太觉得，一方面请保姆浪费钱，还要担心她是否能将家里收拾好，另一方面自己的工作比较清闲，没有必要请保姆。

于是，王太太自己就承担起了做家务的重担，每天特别忙碌。王先生每天回到家，都看到太太特别忙，既要给家人做饭，又要照顾小孩儿，还要洗衣、清扫。基本上只有在睡觉前，王太太才能停止她的忙碌。

有时，王先生喊王太太过来休息一下，甚至亲近地从身后搂住王太太的腰，耳语"老婆，你辛苦了"，王太太却抛出一句"放开，正忙呢"。这样，夫妻之间的沟通就越来越少。

本来王先生想与妻子聊聊一天的工作状况，有时又想两个人一起看看电视，甚至很想早一点儿和老婆进行床笫之事，可太太给他的理由永远都是"家务还没有忙完"。上床以后，王太太又会喋喋不休地与王先生讲起家务有多么繁忙、儿子在幼儿园有多么调皮的琐事。没过多久，王先生兴趣全无，只好简单地安慰太太"早点儿睡吧，你累了"。

就这样，家务让王太太有了太多的抱怨，与王先生之间产生了很大的隔阂，夫妻之间没有处理好家务与生活乐趣的关系，最终以离婚收场。

女人对家庭拥有一颗责任心是没错的，把家务劳动看作是热爱家庭、热爱丈夫的表现，这也没什么错，但要懂得适可而止，否则就会出现王太太那样的悲剧。

封建社会中的女人没有经济来源和独立地位，受到家庭和社会的欺压，这是迫于无奈的结果。但现在我们和男人一样，有自己的工作和事业，所以就不应该再在头脑里保留那些"封建遗毒"，把自己当廉价的保姆！

把自己当回事，别人才能把你当回事。女人应该学会爱自己，懂得让老公跟自己一起来承担家务。

没有安全感，是因为你从不冒险

多一些冒险精神，做一个独立的个体，经济独立、事业进步、感情丰富，这样的女人永远自信快乐，这样的女人也能永葆青春。

斯通指出："生命是一个奥秘，它的价值在于探索。因而，生命的唯一养料就是冒险。"那些眷恋安稳的人们在开始做一件事情之前，总是会做过多的准备工作。她们认为每一项计划和行动都需要完美的准备。她们只在自己熟悉的领域搭建一个舒适的温室，例如说爱待在家里，将"在家靠父母，出门靠朋友"这句话彻底执行，或不敢向陌生的领域踏出一步。对生活中不时出现的那些困难，更是不敢主动发起"进攻"，只是一躲再躲。她们认为：保持自己熟悉的一切就好。对于那些新鲜事物，还是躲远点好，否则就有可能被撞得头破血流。安稳，是一个陷阱，让她们丧失了斗志和激情，她们不敢打破固有的生活方式，不敢寻求新的变化，结果在懒散之中松弛了自己的斗志和精神，犹如一个八十老妪一般。

西方有句名言："思想决定命运。"做任何事都要求安全感，不敢挑战冒险，是对自己潜能的否定，而最终也只能使自己的潜能不断地减少。对此，哈佛大学给我们的忠告是："你必须信赖你自己的精神力量、能力、经验。如此一来，你的人生才能得到完全的改变。"如果女人能够突破"安稳"这一关，人生就可能会有很大的改观。

香奈儿是一个传奇，她从来就不是一个安于本分的人。她的名字后来竟成为女性解放与自然魅力的代名词。她特别在意自己个性的生活，她年轻时是巴黎一家咖啡厅的卖唱女。香奈儿经历过一次失败的情感——18岁时当了花花公子博伊的情妇。但她没有就此沉沦下去，而是借助博伊的帮助开了3家时装店，使她的服装进入巴黎的上流社会。

对于浮夸又矫情的上流社会，香奈儿的礼服是玛戈皇后装的翻版。香奈儿和她的服装充满了怪异，但也充满了诱人的吸引力。有一次，她的长发不小心被烧去几绺，她索性拿起剪刀把长发剪成了超短发。在她走进巴黎舞剧院之后的第二天，巴黎贵妇们纷纷找到理发师要求给她们剪"香奈儿发型"。无论是香奈儿的香水还是香奈儿的服装，真正的魅力在它们的制造者身上。

香奈儿30岁以后还清了欠博伊的钱，她独立了。从1930年一直到死，她都独自住在巴黎利兹饭店的顶楼上，她是世界上最著名的服装设计师之一。

每天晚上睡觉的时候，她唯一需要确定的是她那把心爱的剪刀是否放在床头柜上。她说："上帝知道我渴望爱情，但如果非要我选择，我还是会选择时装。"

香奈儿回忆自己一生时，给人们的忠告是："也许我会令你感到惊讶，但归根结底，我认为一个女人若想要快乐，最好不要遵从陈腐的道德。能做出这种选择的女人具有英雄的勇气，虽然最后很可能付出孤独的代价，但孤独能帮助女人们找到自我。我爱过的两个男人从来都不了解我。他们很有钱，却不曾了解女人也想做些事。让自己忙碌起来能使你的分量加重。我很快乐，但几乎没人知道这一点。"

在她最后的日子里，她说："由种种事情来看，我的一生完全正确，我没有丈夫、孩子，但我有一堆财富。"

香奈儿的成功就是因为冒险给了她灵感和动机，让她走出了安稳的牢笼，创造了一个经典的品牌。不管女人的外表是美的还是丑的，也不管心智是聪明的还是愚笨的，都要凭着自己的心性去过自己想要的生活，而不要被"安稳"的温柔陷阱杀死。

事业是女人人生中最华丽的背景

"我必须是你近旁的一株木棉，作为树的形象和你站在一起。"女人应该知道，当一个女人以一棵树而不是一株藤的形象站立在男人身边的时候，就连男人也不由得为她折服。

以前人们常用"小鸟依人"来描摹一个女性含羞带怯、温柔可人的形象，这样的女人依附在男人身旁，将男人视作自己最大的靠山。但这样缺乏独立性的姿态并没有将女性的深层魅力体现出来，而这种依赖于人的生活态度也会让女性自己感觉到不安定，可能一生悲苦。

日本著名电影《被嫌弃的松子的一生》中的女主角松子，

就是这样一个把自己的希望寄托在别人身上的人。松子是学校教师，天性善良的她为自己的学生顶替偷窃的罪名而被学校开除。因为总觉得父亲偏爱妹妹，她离家出走。之后松子与一个有暴力倾向的作家同居，受尽折磨却始终不愿意离开他。作家自杀后，松子与有如之夫冈野发生不伦之恋，她又把希望寄托在情人身上，结果对方妻子发现后，情人立即和她翻脸了。

此后松子又经历好几次恋爱，每一次她都对男人付出自己的真心，希望和对方白头偕老，结果却屡遭抛弃，甚至还给她带来了牢狱之灾。到了50岁，松子依然是孑然一身，过着单身的隐居的封闭生活。她在牢中认识的朋友希望给她一份工作，但她慌乱地拒绝了，因为她对自己毫无信心。而当她意识到自己还没有忘记曾经的理发手艺时，她的人生似乎出现了转机。可是命运却不给她机会，她在寻找朋友的过程中遭到一群地痞的殴打，死在了枯竭的河川旁。

松子是一个渴望得到爱的女人，她追寻爱的勇气和决心让人感动，但是她总是把自己的人生完全寄托在寻找到一个可以依靠的男人身上，这样就太可悲了。她曾经也当过理发师，手艺不错，完全可以凭借它拥有属于自己的平静、幸福的生活，可惜却为了男朋友执拗地放弃了。我们痛惜松子的一生，并且希望这样的经历不要在其他的女性身上重演。

在"她世纪"里，女性就要独立。精神上的独立是一方面，物质上的独立也不能忽视。女人，从现在开始，你就应该树立这样的思想：不把男人当作经济支柱，而把事业作为自己最华丽的背景。这样的女性才最能展现出"她世纪"女性的风采。

海伦·凯普兰是另一个工作中的美丽女人。她小巧玲珑，利落明快，像是可以应付任何事的女人——事实也是如此。她出生于维也纳，在塞拉库斯大学读艺术专业。和很多女孩儿一样，她接受了母亲的老观念："女人一定要嫁个金龟婿。"她21岁结婚，后来离婚。她说："我母亲——她代表有同样想法的亿万人——认为我嫁给一位成功的男人，情况将会好得多，我自己事业成功则不然。在母亲的眼中，如果我嫁给一个金龟婿，才算幸福，这才是成功。我从小接受的教育是嫁一个成功的男人——而非自己追求成功。我是位分析家，但直到最近我才明白，自己轻率地接受了很多母亲的价值观。"

后来，她开始拥有自己的事业，成为一名心理学家。她说："年轻时，我想做一位心理医生，但我觉得自己不够聪明，没资格进医学院。大学时我与心理学家约会，嫁给其中一位。之后我才发现：我要做一位心理医生，而不是嫁给心理学家。"她的工作涉及很多女性羞于提及的性，她甚至成为性爱治疗上的先驱工作者，她的著作《新的性爱疗法》让大众重新了解了性，专家也对她推崇备至。她说："我在专业上有所成就，工作愉快，追求做一名演说家，有好朋友、乖孩子和一幢舒适的公寓，和世界上任何人都相处融洽。"

大多数成功的女性热爱她们的家庭，但是她们也醉心于工作。她们认为工作开拓了她们的视野，给予了她们成就感，挖掘出了她们的潜力，赋予了她们身份，使她们得以完善自身。一位作家用略带夸张的语调说道："如果她们停止工作，她们明白，大多数人就什么也不是了，就像空气中的洞一样，如此而已。"这些充满信念的女人甚至把她们的职业看成是她们的救星。

工作不仅让女人自己拥有了经济独立，而且可以从根本上脱离男人的控制。工作也能赋予女人非同寻常的魅力。工作，让女人走出了狭小的家庭生活空间，让女人的视界开阔，心也随之澄明起来；工作，让女人发现了更能凸显自己个性价值的方式；工作，也最能让女人找到自己的尊严。面对一个自尊、自爱、自立、自强的女人，相信每一个人都会由衷赞叹她的美丽。

即便是家庭主妇,也不能放弃理想

在现实生活中,恐怕没有多少女人知道这样一个辩证法则:当女人丧失理想或精神支撑以后,她们的神韵、风貌、气质、形象乃至灵魂都会因缺乏理想的润泽而在岁月推移中日渐流失。

在现实生活中,很多女性从未对自己在婚前婚后的反差进行过思考:我为什么会在结婚几年后,变成了一个迷迷糊糊的家庭主妇? 变成一个只关心油盐酱醋和丈夫、孩子的市井妇人? 如果她们能沿着这条思路追根溯源想下去,就会发现问题的症结,即大多数女性在结婚后总是沿着"女主内、男主外"这样一种传统的思维定式,确立自己在家庭与社会中的角色,并自觉放弃理想和进取精神,以辅助丈夫的事业为名而把精力都用在操持家务和孩子上,从此不再参与社会竞争,而满足于知足常乐的物质生活程序,并以争做贤内助角色为荣,却从没想过这样的生活将导致什么样的结局。

事实是,一个女性如果自愿放弃对理想的追求而满足于平庸乏味的家庭生活,那么岁月将很快把她的灵魂腐蚀。不用多久,她就会变成一个絮絮叨叨、琐琐碎碎的家庭主妇,变成一个生孩子、持家、算计收入和花销的让人无法亲近的世俗女人。

当今社会,特别是知识女性,她们最怕在婚后或者有了孩子之后做家庭妇女。她们和传统的家庭妇女不一样,传统的家庭妇女认识到自己只能做丈夫的贤内助,很自然地会一切以丈夫为中心;现代的知识女性则不同,她们有能力自己独立生活。一旦成为全职太太,就很难适应与现在不一样的生活了。

首先,她们不适应家庭妇女的身份,她们心里总有一种不甘,这种压抑的心理长期发展,会使人的心理变得不健康。

知识女性从人格上就认为自己和丈夫是平等的,不像传统妇女那样依赖丈夫，而丈夫若仍按照传统家庭妇女的要求来要求妻子，两个人的矛盾就会很明显。

另外，知识女性在学识上很难让自己落后于时代，真做了家庭妇女之后，在很多方面就会显得孤陋寡闻，这才是最让女人受不了的地方。

安娜就是这样的女人。她曾经这样讲述自己的经历：

我2000年从哈佛大学本科毕业，一直从事文秘工作。生儿子时我30岁，儿子1岁的时候，我本想出去重新工作，但疼爱我的老公却不愿意我再出去奔波，他说："你还是在家里相夫教子吧，我又不是不能养家糊口。"

老公是某美资公司的高级经理，收入足以保证我们过上优质的生活。但我不愿意荒废青春，还是尝试着去找工作。然而让我感到恐怖的是，虽然才脱离社会一年多，我却几乎跟不上时代变化了，别说找令自己满意的工作，就是一般的秘书工作都找不到。

于是，瞎找了一段时间之后，我也就习惯了做家庭主妇，每天带带孩子、牵着小狗遛街、做美容、逛商场超市……很多当年的同学和朋友都羡慕我有好福气，嫁了个好老公，可是我的内心却充满了失落和不安。

老公每天都很忙，有时候忙到晚上十一二点才回家，以往在睡觉前我们都会谈谈心，可是现在我发现和老公的共同语言越来越少了，我根本就跟不上老公的节奏，老公有时候会开玩笑说自己是"对牛弹琴"。

如有朋友聚会，他们说的话题让我觉得很陌生。同时，我也开始担心我和老公的感情。我开始经常掏老公口袋、查看他手机等，我试图找到某些蛛丝马迹，而找不到又会怀疑老公手段高明，早在回家前就消灭了一切证据。有几次我还悄悄跟踪过老公，这种情况严重影响了我们的感情。

开始老公对我的行为只是感到莫名其妙和好笑，后来慢慢受不了了，就开始吵架。有一次，老公由于一个项目很重要，连续一个星期都很晚才回家，有两次还喝醉了，身上还有女人的香水味。我缠着他不准睡觉，非得让他解释身上的香水味是从哪里来的。丈夫喝得晕乎乎的，只想睡觉，没精力向我解释，被我吵得没办法，只好到客厅去睡。但我还是不依不饶，不停地问他："告诉我，是哪个狐狸精留下的？不说就不准睡。"在我一再纠缠下，他终于被激怒了，对我大声吼道："你怎么会变成这个样子？吃饱了撑的，这么多疑，告诉你了，我是工作上的应酬。这日子没法过了！"

我也不甘示弱，那一夜我们通宵没睡。第二天老公上班由于精力不好连出了几次错误。回家后很生气，我们之间发生了更激烈的冲突，后来开始分居了。

冷静一段时间后，我和老公都觉得这种情况主要是我没工作太无聊所致。于是，他让我找份轻松点儿的工作。重新工作之后，尽管我的工作很简单，但是我接触的社会面广了，一段时间下来，也交了不少朋友，见识广了，懂的东西多了，和老公聊天的时候，我不再是"有心无力"跟不上节奏，甚至有时还能帮老公出一些主意。

"回家"的女人待在家里难免会胡思乱想。换句话说，如果妻子全身心都"回家"，一心一意扮演家庭主妇的角色，结果必然导致夫妻在心灵与精神方面日益拉大距离，多年后他们就会变得无话可说。而当夫妻话不投机或彼此听不懂对方在说什么时，分手就只是一个时间问题了。所以，女人即使为了保护自己、维护婚姻关系的健康发展，也不应该将身心都沉溺在家庭主妇的角色中。相反，应该保持着与世界同步的活跃姿态，这样才会使自己始终与丈夫保持着精神层面上的亲和力。

失去什么也不能失去自尊

一旦一个女人失去自尊,她便会轻视自己。连自己都不尊重的女人,又怎么能够获得尊严,活出高贵呢?品格是立身之本,丧失品格的人,将丧失别人对她的敬佩与肯定。

女人失去什么也不能失去自尊。伟大的思想巨匠卢梭,在他的一篇著名演讲词中曾声色高昂地诠释自尊的力量。他说:"自尊是一件宝贵的工具,是驱动一个人不断向上发展的原动力。它将激励一个人体面地去追求赞美、声誉,创造成就,把他带向人生的最高点。"

乔治·萧伯纳是20世纪著名的戏剧作家,他写过许多享有世界声誉的作品,深受各国人民的喜爱。

一次,萧伯纳代表英国去前苏联参加一个活动。当他在大街上散步时,见到一位可爱的小姑娘,胖乎乎的脸蛋、长长的辫子,俏皮极了。他忍不住停下脚步,把自己当成一个孩子一样,和小姑娘玩了起来。小姑娘也很喜欢这个和蔼可亲的外国人,和他高兴地玩了起来。

玩了很长时间,萧伯纳该走了。分别的时候,萧伯纳俯下身,一只大手放在小姑娘的脑袋上,说:"你回去可以告诉你妈妈,就说今天陪你玩的是世界上有名的剧作家萧伯纳。"

他原以为小姑娘听完以后会高兴地跳起来,没想到,小姑娘听到后却十分平静,她拉着萧伯纳的手,抬起头天真地说:"哦,我不像你那么出名,我只是一个和别人一样的小姑娘而已,不过,你回去时可以告诉别人,就说今天陪你玩的是苏联的一位小姑娘。"

萧伯纳听了,禁不住愣了一下,他意识到自己有些太自以为是了,同时也深深地佩服这位小姑娘的自信。

从那以后，每当说起此事，萧伯纳还会说，这位俄罗斯小姑娘是他的老师，他一辈子都忘不了她。

一位小姑娘尚且能不卑不亢，女人更应该如此。自尊自爱是一个独立自主的人所必备的品格。一个自尊自爱的人才能够赢得别人的尊重，相反，一个不懂得尊重自己的人，势必也无法赢得别人的尊重。

自尊是对自己的一种敬意，它教会了一个女人要有尊严，要爱自己的肉体和灵魂，要肯定自己，要将自立放在重要位置，而不是依靠他人，接受他人的施舍。自尊的女人非常尊重自己，自己珍视自己。正是因为尊重自己，所以她也尊重他人，由此她也能够博得他人的尊重。

摆脱依赖的性格

摆脱依赖的个性是为了让女人更独立、更有自信、更主动，这样的女人才更吸引人，这样的人生才更美好。

有很多女人还没有摆脱依赖的性格，她们常常怀疑自己可能被拒绝，在很多方面都很少表现出积极性，显得缺乏对生活的信心。由于缺乏基本应付生活的能力，所以一般很难适应新的环境和生活，需要逐步走向独立。

依赖型人格一般发源于幼年时期。幼年时期儿童离开母亲就不能生存，在儿童的印象中，保护他、养育他、满足他一切需要的母亲是万能的，他们必须依赖她，总是怕失去这个保护神。这时如果父母过分地溺爱其子女，就可能鼓励子女依赖父母，使他们没有自立的机会。

这样久而久之，在子女的心目中就会逐渐产生对父母或权威的依赖心理，成年以后依然不能自己做主，而总是依靠他人来做决定，缺乏自信心，不能负担起责任，成为依赖型人格。

　　具有依赖型人格的女人一般十分温顺、听话，她的依赖最初受人欢迎，可能会引起人们的好感。但不久，这种黏着性的依赖就令人厌烦，因此她们很难处理好人际关系。依赖型人格常缺乏自信，显得悲观、被动、消极，在人际关系中总处在被动位置。

　　从心理学角度看，依赖心理是一种习以为常的生活选择。当一个人选择依赖时，就会使他失去独立的人格，变得脆弱、无主见，成为被别人主宰的可怜虫。

　　但是，依赖心理并非是一种顽症，是可以逐步克服的。树立独立的人格，培养独立的生存能力，是克服依赖心理的首选目标。

　　树立独立的人格，培养自主的行为习惯，一切自己动手，自然就与依赖无缘了。对于已经养成依赖心理的人来说，就要用坚强的意志来约束自己，无论做什么事都有意识地不依赖父母或其他的人，同时自己要开动脑筋，把要做的事的得失利弊考虑清楚，心里就有了处理事情的主心骨，也就敢于独立处理事情了。

　　树立人格要有使命感和责任感。一些没有使命感和责任感的人，生活懒散，消极被动，常常跌入依赖的泥坑。而具有使命感和责任感的人，都有一种实现抱负的雄心壮志。他们对自己要求严格，做事认真，不敷衍了事、马虎草率，具有一种主人翁精神。这种精神是与依赖心理相悖逆的。选择了这种精神，就选择了自我的主体意识，就会因依赖他人而感到羞耻。

　　为了锻炼独立处世的能力，要有意识地自己单独办一件事，完全不依赖别人，无论办成或办不成，对你都是一种人格的锻炼。要注意抑制自己的依赖心理，促使自己选择自力更生，这样有利于自己独立的人生品格培养。"乖乖女"要克服依赖心理，可从以下几个方面出招：

1. **要充分认识到依赖心理的危害**

要纠正平时养成的习惯，提高自己的动手能力，多向独立性强的人学习，不要什么事情都指望别人，遇到问题要做出属于自己的选择和判断，加强自主性和创造性，学会独立地思考问题。独立的人格要求独立的思维能力。

2. **要在生活中树立行动的勇气，恢复自信心**

自己能做的事一定要自己做，自己没做过的事要去锻炼。

3. **丰富自己的生活内容，培养独立的生活能力**

在学校中主动要求担任一些班级工作，以增强主人翁的意识，使自己有机会去面对问题，能够独立地拿主意、想办法，增强自己独立的信心。

4. **多向独立性强的人学习**

多与独立性较强的人交往，观察他们是如何独立处理自己的问题的，向他们学习。同伴良好的榜样作用可以激发我们的独立意识，改掉依赖这一不良性格。

与其羡慕别人，不如珍视自我

许多时候，人们往往对自己拥有的幸福熟视无睹，却觉得别人的幸福很耀眼。仔细想想，也许别人的幸福对自己不适合，别人的幸福也许正是自己的坟墓。

对于我们自身来说，在珍视自我与羡慕别人之间也在不断地斗争较量，我们知道要爱惜自己，但总是会对别人的生活羡慕不已。

例如：看到别人有车有房，就自惭形秽；看到别人有一份收入不菲的好工作，心理也极不平衡；看到别人工作清闲，经常外出休假，就羡慕异常……或多或少，你都会有这样的想法。其实，每个人有每个人的活法，每个人有每个人的世界，你不用羡慕别人的生活，有车有房的人，也许正在为还银行贷款而发愁；收入不菲的人，可能他的生活特别劳累；四处休假的人，可能也会有其他不为人知的烦恼……你羡慕他，可能他们同时也在羡慕你，人生就是这样。女人应该学会珍惜你现在的生活，这才是最重要的。

有两只老虎，一只在笼子里，一只在野地里。在笼子里的老虎三餐无忧，在外面的老虎自由自在。两只老虎经常进行亲切的交谈。笼子里的老虎总是羡慕外面的老虎自由，外面的老虎却羡慕笼子里的老虎安逸。一日，一只老虎对另一只老虎说："咱们换一换。"另一只老虎同意了。于是，笼子里的老虎走进了大自然，外面的老虎走进了笼子。从笼子里走出来的老虎高高兴兴，在旷野里拼命地奔跑；走进笼子的老虎也十分快乐，它再不用为食物而发愁。

但不久，两只老虎都死了。一只是饥饿而死，一只是忧郁而死。从笼子中走出的老虎获得了自由，却没有获得捕食的本领；走进笼子的老虎获得了安逸，却从此生活在狭小的空间里。

女人如果正在羡慕别人的生活，不如好好体味一下上面这个故事。

这个世界多姿多彩，每个人都有属于自己的生活方式，何必去羡慕别人。安心享受自己的生活和幸福，才是快乐之道。你不可能什么都得到，什么都适合去做，珍惜自己手中的牌，好好经营自己，才能拥有一个最真实、最圆满的人生。有人说过，人生若要不留下许多空白，唯一的办法是珍惜现在拥有的，追求你所没有的。

人的一生中值得珍惜的东西很多，最重要的不外乎三点，那就是时间、机会和痛苦。人们常说年轻人都是富有的，那是因为他们拥有这世界上最宝贵的财富——时间。时间就是生命，但我们却常常用有限的时间去羡慕别人，而不是珍视自己，那岂不是本末倒置？当我们花费大量的时间羡慕别人，为此而感到自卑的时候，别人或许花了更多的时间做了一些值得做的事情。所以，不如将羡慕别人的时间花在努力赶超别人上。其实每个人都有优点，你只是看到了别人最光彩的一面。拿自己不出色的一面与别人最出色的一面进行比较，当然会失落。人有时候总是不能公平地看待自己，有人高看了自己，而大多数人则高看了别人。

人生就像打牌一样，很多人总是羡慕别人手中的牌，而对自己手中的牌从来都不认真对待。其实，你羡慕别人，即使再诚心，又有什么用呢？最后你还是要老老实实地打你自己的牌。

想要什么，就要自己去争取

聪明的女人，想要什么就大胆地喊出来，并且努力实现自己的目标。只有这样，我们才能达成自己的心愿，过上自己想要的生活。

许多女人习惯于压抑自己的个性，她们将内心的需要藏得很深，明明很想要，或者很在意，却总是装作一副无所谓的样子，致使自己错过了很多的机会。可以说，这样的性格不是一朝一夕形成的，但是习惯于以这种方式生存的女人，常常会错过自己的幸福。

罗马纳·巴纽埃洛斯是一位年轻的墨西哥姑娘，16岁就结婚了。在两年当中她生了两个儿子，之后丈夫离家出走，罗马纳只好独自支撑家庭。但是，她决心谋求一种令她自己及两个儿子感到体面和自豪的生活。

她带着一块普通披巾包起全部财产，跨过里奥兰德河，在得克萨斯州的埃尔帕索安顿下来。她在一家洗衣店工作，一天仅赚1美元，但她从没忘记她的梦想，她要摆脱贫困过上受人尊敬的生活。于是，口袋里只有7美元的她，带着两个儿子

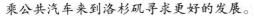

乘公共汽车来到洛杉矶寻求更好的发展。

她开始做洗碗的工作,后来找到什么活就做儿什么。拼命攒钱直到存了400美元后,便和她的姨母共同买下一家拥有一台烙饼机及一台烙小玉米饼机的店。

她与姨母共同制作的玉米饼非常成功,后来还开了几家分店。直到最后,姨母感觉到工作太辛苦了,便把股份卖给她。

不久,她经营的小玉米饼店成为美国最大的墨西哥食品批发商,拥有员工300多人。在她和两个儿子经济上有了保障之后,这位勇敢的年轻妇女便将精力转移到提高美籍墨西哥同胞的地位上。

"我们需要自己的银行。"她想。后来她便和许多朋友在东洛杉矶创建了"泛美国民银行"。这家银行主要是为美籍墨西哥人所居住的社区服务。后来,银行资产增长到2200多万美元,这位年轻妇女的成功确实得之不易。

起初,抱有消极思想的专家们告诉她:"不要做这种事。"他们说:"美籍墨西哥人不能创办自己的银行,你们没有资格创办一家银行,同时永远不会成功。"

"我行,而且一定要成功。"她平静地回答。结果她梦想成真了。

她与伙伴们在一个小拖车里创办起他们的银行。可是,到社区销售股票时却遇到另外一个麻烦,因为人们对他们毫无信心,她向人们兜售股票时遭到拒绝。

他们问道:"你怎么可能办得起银行呢?我们已经努力了十几年,总是失败,你知道吗?墨西哥人不是银行家呀!"

但是,她始终不愿放弃自己的梦想,始终努力不懈。如今,这家银行取得伟大成功的故事在东洛杉矶已经传为佳话。后来她的签名出现在无数的美国货币上,她由此成为美国第三十四任财政部长。

通过上面这个故事,我们可以看出,在女人成就梦想的路上，总是会遇到很多的困难，也经常会有人提出异议。可是，只要我们勇敢地喊出自己的目标，并且拿出勇气应对一切困难和挫折，那么我们就能摆脱一切困难，实现自己的目标。

当然，社会的发展还没能让我们摆脱"淑女"的枷锁，女人像男人一样在社会上打拼，也常常会受到身边人的误解。但是，周围的一切不过是社会给予女人的精神监牢，只有勇敢地打破它，女人才能获得自由和快乐。

外表要温顺,内心要强大

不管你的外表多么柔顺，多么小鸟依人，有一颗坚强的内心，女人才能活得更加精彩。

美国前总统老布什的妻子芭芭拉是一位很坚强的女性，面对家庭诸事，她总能沉着应对。她患有甲状腺炎，布什也有心脏病，女儿多罗蒂离婚，儿子尼尔职位被解除，特别是1953年女儿罗宾死于白血病，但这一切都没有压倒布什夫人，她总是竭尽全力保护家人。有一次，布什出席一个宴会时突然晕倒，在场人员不知所措，芭芭拉却当机立断，打电话叫急救车，亲自送丈夫去医院。

坚强，是每一个成功人士必备的品质之一。《易经》曰："天行健，君子以自强不息。"也许有时候，我们无奈于生命的长度，但是坚强能够让我们选择生命的宽度与厚度。在这个世界上，我们会遇到赏罚不公，会遇到就业压力，会遇到竞争，会遇到病魔，会遇到……但是，女人可以运用自己手中坚强的画笔，为自己在逆境中描绘一片属于自己的蓝天，为自己绘出红花绿草，清风习习。

2004年3月8日晚上，中央电视台《半边天》节目对6位女性做了访谈。

第一位是一个阿姨辈的女人——王自萍，54 岁。但是她的状态，也可以说是心态，丝毫不亚于年轻人，甚至强过年轻人。她的乐观、自信、热情，瞬时感染了现场及电视机前的观众，也让人们羡慕不已。她是退休后，以临近知天命之年闯北京的，在这之前，她坚决地结束了一段不幸的婚姻。到了北京，种种努力自不必说，她终于做上了一家会计事务所的经理，通过了 3 项非常困难的资格认证考试。工作之余，她有着同样精彩的业余生活，她的幸福是每个人都可以感受到的，我们从她风趣的话语中知道了幸福的来源——坚强。

还有一个残疾姑娘，她身上所拥有的自信同样让她光彩照人。她来自石家庄，尽管残疾，但偏偏是个不服输的人。为了做一名职业歌手，她坐着轮椅跑到了北京，要实现自己的梦想。

设想一个四肢健全的人假若要到北京生活，都有那么多的艰难，何况她一个残疾人。她有 1000 个不会成功的理由，但第 1001 个成功的理由给予了她成功。她现在是一名签约歌手。这第 1001 个理由便是永不放弃，坚强。主持人问："上天为什么要给你一个这样的命运？"她说命运只是要她活得更艰难一点儿。她在地铁站中的歌声嘹亮而高亢，远远地听去，就像是对命运的宣战。坚强是她的武器，任何困难都不能逃过她的冲击。

她是云南昆明一家饭店的老板，手下有 200 余名员工，有 2000 多平方米的大楼。主持人关于她身家的渲染并没有引来多少人的羡慕，大家的心情很快被她的叙述所吸引。她有一个不幸的童年，险些被母亲以 400 元的价钱送人，从此她与母亲断绝了关系。这之后便是如何努力、如何奋斗，才有今天的成就。在她身上，所洋溢的依然是坚强二字。

人生不可能一帆风顺，所以自从你有自我意识的那一刻起，你就要有一个明确的认识，那就是人的一辈子必定有风有浪，绝对不可能日日是好日、年年是好年。当你遇到挫折时，不要觉得惊讶和沮丧，反而应该视为当然，然后冷静地看待它、解决它。

很多女人遭逢生命的变故时，总会不停埋怨老天："为什么是我？""为什么我就这么倒霉？"……即使哭哑了嗓子，事情也不会好转，所以要坚强地面对。碰到令人伤心的事情时，你第一个念头要告诉自己："它来了！这是必经的过程，只有自己能帮助自己，所以我要勇敢面对，现在就想办法处理！"不断用心灵的力量来为自己打气，然后要比平时精神百倍，才能让自己走过生命的黑暗期，迎接灿烂的明天。遇到困难时，越是坚强的女人，越有一股让人尊敬的魅力。唯有自己表现得更坚强，别人才能帮助你。

坚强也是一把双刃剑，多则盈，少则亏。少了坚强做伴的女人，或是唯唯诺诺，没有自我；或是哀哀怨怨，陷在一件可小可大的事里，挣扎在一段越理越乱的感情里不能自拔。只有坚强的女人，为了坚强而追求着坚强，从不停下脚步，坚强于她只是一种习惯。

总而言之，女人要活得自我，活得幸福，坚强是第一要素。因为它就是一把开山的斧，远航的帆。面对挫折或者失败，女人更需要的是从失败中站起来，微笑着面对风霜的袭击，用宽阔的胸怀去拥抱挫折。女人用怀抱守护心灵的沃土，懦弱才不会乘虚而入，灵魂才会在美好的港湾停泊、歇息。

第三章

你是唯一,所以
要活得高贵

只有自尊才能获取尊重

自尊是女人获得平等待遇的基础。一个女人若生活得连自尊也没有了，就会被轻视甚至于被忽略。女人懂得自尊才能去尊重别人，进而获得别人的尊重。

"男人有钱就变坏，女人变坏就有钱。"说的是女人如果偏离了道德规范的航向，不顾惜自己的名声，用一些偏门的手段便可以快速地达到自己的目的。然而，世界上真有免费的午餐吗？目睹生活中一些女人的叛逆行为，面对一些女人过于张扬的个性，或者说是一种不懂得自尊的行为举止，我们不得不反思，不得不去触及女人心中的一些自我因素，即自尊、自重和自爱。

女人和男人在性别上是存在着差异的，所以也就注定了生活里的种种不同，就好像社会赋予男人更多的是事业，而赋予女人更多的则是家庭。其实这样也没有什么不好，男主外，女主内，夫妻恩爱，也是一种幸福。但是，令人不解的是，一些女人由此把"找个好归宿"作为此生之目的，生命不息，寻觅不止，有的时候甚至为了获得一份锦衣玉食的生活而不顾自尊。

有一个23岁的女人，她年轻美貌，但是为了拥有房子、车子而不惜嫁给一个比她大20岁的男人，并且她声称并不爱这个男人，嫁给他为的只是获得生活的享受。如此这般也叫归宿的话，那还不如不要这份奢侈。

亦舒是一位杰出的女性作家，在她的名作《喜宝》中，她刻画了一位"坏"女人——喜宝。喜宝是一位美丽而且聪慧的女性，但家庭十分贫困，她为了支付自己在牛津大学学法律的费用，把自己卖给了一位超级富翁。她得到了花不完的钱，却失去了自己的内心。当她重归单身的时候，她放弃了来之不易的学业，因为她不知道自己为什么还要坚持。她对人们失去了信心，因为不知道是否有人是真心的。喜宝当初只想出卖她的青春和肉体，但她不知道灵与肉密不可分，当她的心灵被金钱买去后，她就再也得不到平安和幸福了。

一个女人失去了自尊，她便不能自爱，甚至不惜出卖自己的肉体。连自己的肉体都不尊重的女人，又怎么能够获得尊严，活出高贵呢？

爱情不是生活的全部，为金钱出卖自己的爱情，丧失自己宝贵的自尊，失去享受人生的坦荡与自信是最不明智的。所以，女人，请记住：不管社会怎样进步，也不管你是贫穷还是富有，一定要懂得自尊、自重、自爱。

贪小便宜的女人容易被别人占便宜

在人生道路上，女人要学会放下你"贪小便宜"的观念。否则，时间久了，你就会发现，"算来算去算自己"。

在人们的内心，总是希望有所得，以为拥有的东西越多，自己就会越快乐，所以有些女人不知不觉地就走上了贪小便宜的路。可是，有一天等你蓦然回首，也许你会惊觉：原来一直以为占便宜的是自己，没想到却是让别人占了"便宜"。

赵娜去一家商场购物，正碰上商家举办"买100送30"的活动，一双原价500元的羊皮靴，她毫不考虑就买下了。拿到150元的现金券，却成了个负担，怎么甩掉呢？赵娜上楼、下楼，再没找到特别中意的东西刚好能用150元买下的，没办法，自己搭上300元的现金买了件牛仔上衣，可手头又冒出90元现金券……赵娜这才意识到所谓返券实际是陷阱，稍不留神就陷入了无休止的购买圈套。

那天，她在商场连续"战斗"了5个小时，终于花掉了最后的120元券，腿都走疼了，但心更疼啊，5小时"血拼"掉了3000多元，这个月要喝"西北风"了。

不过，更让她气愤的事还在后面，仅仅过了两周，当她又来到这家商场时，赫然发现她买的羊皮靴、牛仔服等都换了标签，羊皮靴350元，牛仔服360元，原来它们本来就值这么多，所谓折扣，根本就是个幌子，她不仅没买到一分钱的实惠，反而为了"折扣"搭进去了不少冤枉钱。

而她的朋友李晶也是"折扣牺牲品"的典型。最近要搬家，她整理时居然从角落里翻出十几双鞋，有些还是崭新的。李晶回想起它们的来历，"换季打折""买二赠一""断码处理"……当时觉得真实惠啊，这么便宜，结果"换季打折"到能穿的时候早就跟不上潮流，式样老旧；"买二赠一"穿了没几天就断线开胶；"断码处理"不是晃晃荡荡，就是太挤脚……

当时没觉得什么，反正便宜，不穿也没关系，现在翻出来却是这么一大堆，扔了确实可惜，留着又有什么用呢？她害怕节俭的父母不高兴，背着他们悄悄把鞋都扔掉了……

不要再贪小便宜吃大亏，撩起"打折"的面纱，看看其下有多少陷阱和圈套。说是"全场打几折"，其实只限于少数几种卖不出去的库存货；说是"买二赠一"，其实上千元的一件商品的赠品不过是价值几块钱的钥匙链、通讯录；说是"买多少就返券"，其实返券不能当现金使用，还得继续购买别的东西……

女人在与人交往中也不能贪小便宜。因为人与人之间的交往都是相互的，你对别人算计，也许一次两次别人没有发觉，但是时间长了，大家就会了解你是一个什么样的人了。爱计较的人，也许也会以同样的方式来对待你；不爱计较的人，也会因为你的过于算计和贪婪而对你产生反感，从而对你敬而远之。

为膨胀的心减减"肥"

你或许是平凡的，但你不一定就不是幸福的。你的财富往往就是这些看似平凡的东西，女人，只要你拥有一颗平常心，就不会被虚荣蒙蔽你的眼睛，你才能够发现那些很平凡的东西是不应当被忽略的。

据说上帝在创造蜈蚣时，并没有为它造脚，但是它仍可以爬得像蛇一样快。有一天，它看到羚羊、梅花鹿和其他有脚的动物都跑得比自己快，心里很不高兴，便嫉妒地说："哼！脚多当然跑得快。"于是它向上帝祷告说："上帝啊，我希望拥有比其他动物更多的脚。"

上帝答应了蜈蚣的请求，他把好多好多的脚放在蜈蚣面前，任凭它自由取用。蜈蚣迫不及待地拿起这些脚，一只一只地往身体上安，从头一直粘到尾，直到再也没有地方可粘了，它才依依不舍地停止。

它心满意足地看着满是脚的躯体，心中暗暗窃喜："现在我可以像箭一样地飞出去了！"但是等它开始要跑时，才发觉自己完全无法控制这些脚。这些脚噼里啪啦地各走各的，它必须全神贯注，才能使一大堆脚顺利地往前走，这样一来它反而比以前走得慢了。

我们的生活中又有多少人像蜈蚣那样贪婪？一批又一批人前赴后继地把自己绑上欲望的战车，纵然气喘吁吁也不得歇脚。不断膨胀的物欲、工作、责任、人际、金钱几乎占据了现代人全部的空间和时间，许多人每天忙着应付这些事情，几乎连吃饭、喝水、睡觉的时间都没有。

其实很多人都无法静下心来检查自己"已有的"或"曾经拥有的"，都总是"看到"或"想到"自己失去的或没有的。

这注定了他必须奔波忙碌。

现代人无论是待人或处事，很少检讨自己的缺点，总是记得"对方的不是"以及"自己的欲求"。到头来，因为每个人的心态正彼此相克，所以很少能如愿以偿。相反，如果这个社会中的每个人，都能够试图将对方的不是及自己的欲求尽量放一放，多多检讨自己并改善自己，那么彼此之间将会产生良性的互补作用，这才是我们所乐意见到的。

我们要学会给自己的心减"肥"，不要让那些无谓的争端引爆了灾难的炸弹，破坏了我们的幸福。

不需要别人施舍的阳光

快乐生活的一个基本要点就是拿出你的热情来，你有了对生活的热情，就不需要在意别人对你的看法和评价，不需要依靠别人施舍给你阳光，只要你对待生活有足够热情的态度，你就可以成为自己的太阳！

生活有了热情才会有希望，生命中充满热情，生活便每天都充满阳光。

相信你一定看过小提琴家在演奏时满头乱发飞扬的场面，他只顾演奏，丝毫不关心外表如何。恰恰是这份热情弥补了他的外表，让他气质非凡，让他魅力无穷，让观众为之倾倒。这就是热情的爆发力和感染力。

发挥热情，能带给你真正的自信。因为你专注于自己的兴趣而非外表时，你就有了自信。你不再以自我为中心，你不再担心自己的工作表现，只是充分地展现自己的热情。

《都市文化报》上刊载了一篇《谁是弯弯》的文章，上面写道：

在台湾年轻人当中，有这样一种说法："不知道弯弯，就别说你上过博客。"

竟然有这样大的名气,弯弯是何许人?

答案是,她是一个标准的"80后"女生,爱笑、爱唱歌,更重要的是,她会画很好玩儿的博客漫画。

弯弯很喜欢说自己的这样一次经历:她还在网络游戏公司工作的时候,一次从同事格子间路过,发现他的 MSN 头像就是自己画的表情符号"懒",那个得意啊!她故意放慢了脚步,迈出经典漫画动作"悄悄路过"的步子……

不过,弯弯小时候的得意事并不多。事实上,她绝对是个平凡的台湾小女生——从有记忆就开始学习画画:幼儿园逃课看漫画;小学自制绘本,在数学笔记本上涂鸦成连环漫画,一本卖三元,结果一本都没卖出去,被她爸爸当垃圾丢了……

高中时,她考上了复兴美工,过着暗无天日的绘画生活,画正统漫画,还和很多怀有梦想的女人一样,画了不少要投稿的漫画,却从没寄出去过。

然后就是投身网络游戏公司,边学计算机边画自己喜欢的图……

弯弯一直坚持认为,绘图要来源于生活。有事没事,她经常研究如何抓住表情的精髓,比如有一次坐公交车,司机刹车比较突然,一个女人从公车后排直接滚到了司机身边,于是,弯弯忽然有了一个很新鲜的灵感。用漫画记录平常的琐事,通过漫画实现生活中的梦想,是弯弯想做的事情。

2007 年 7 月 26 日,弯弯的博客访问量破亿,还创下了日浏览量 23 万的雄壮记录。

弯弯的超人气,使她可以接到通告,例如作为《康熙来了》的嘉宾,接受蔡康永和小 S 的访问。同时,她还引起了商业上的注意,将有机会产生"上亿元"的身价。

和弯弯一样,每一个普通人,都可以用梦想去绘制生活、热爱生活,于是生活还给我们更多。

热情是一种青春的活力。富有热情的女人，会谈笑风生，以自己的言语感染别人，使周围的人感到愉悦，受到激励；当别人遇到困难时，能热情相助，使人感到可亲、可敬。

一个失去热情、对一切人和事物都采取漠视和冷淡态度的女人，看不到生活的本质和人生的真谛，看不到希望和曙光，不能寻觅到挚友和知音，也激发不起生活的热情和兴趣，终日伴随她的只是内心深处的孤寂、凄凉和空虚。这无疑是一种可悲的自我摧残和自我埋葬。

对人热情的女人言行举止间会显露出一种吸引人的气质，会得到别人的喜欢，就像有人说的那样，"你对我热情，我就喜欢你"。当一个女人充满热情时，她散发的是一种生机勃勃的魅力。所以，我们不要做老气横秋、毫无激情的女人，一定要让热情灿烂我们的一生！

1/3 给爱情，2/3 给自己

爱中一定要包含着自身的尊严，就像《简·爱》中的简·爱那样不卑不亢。身体的依恋是有限的，只有建立在灵魂平等基础上的真爱才能走得久远。

男人就像女人的一把保护伞，他为女人撑起一片晴空。女人常常就像一个虔诚的信徒一样，将自己的全部奉献给了爱情，希望永远躲在这把伞下。有人对爱情进行了量化分析，如果把女人全部的爱分成三等分，那么最好的策略是，1/3 给爱情，2/3给自己。

爱一个人，无论有多深、多浓，一定要有自己。爱情必须建立在平等的基础上，你可以奉献，但绝不能跪着去爱一个人。

菲曾深深地爱上一个男人，她回忆说："爱上的时候，那种膨胀的占有欲折磨得我好苦。他和哪个女人多待一会儿，或者哪个女人在追求他，在他面前花枝招展，都会令我醋意大发。而他偶然的一个眼神、一句善解人意的鼓励，都会让我柔情似水，又怅然若失。常常在梦里伴着他，醒来一枕泪。心里不断地数落他不完善的地方，却仍然要被一种力量牵引，陷入情网。可是女性的矜持和骄傲又绝不允许我表白什么。我害怕与他对视，怕无法控制自己，可一旦他走过去，我又会在背后用我的目光追赶他的背影。况且在我的潜意识中，爱情必须男人先表白，或者如欧洲窗下的小夜曲，或者如中国的红梅赠君子，这样才不失一种古典的浪漫气息。"

菲望眼欲穿地等待，但仍没有结果，她所喜爱的男人最终选择了别人。

对女人来说，寻找自己的爱情，要有勇气，也要有力量，要鼓起勇气表白。

爱情，不能对它太仁慈、太宽容，倘若这样，可能会失去你的保护神。你要努力又不动声色地提醒对方，让他感觉到你的存在。同样，对爱情也别太苛刻，太苛刻也会失去它，苛刻常常意味着你的不信任。

男人喜欢女人撒娇，喜欢女人偶尔耍小孩子脾气，只要不经常、不过分，他会更加宠爱你。不要因为你是女人就将主动权让给男人，美好的东西要去追求，机会要你自己去创造。女人在主动寻找爱情的同时，还应懂得把握好爱情的分寸，因为毕竟主动寻找来的爱情得来不易。

把2/3的爱留给自己，一旦对方离开，你还能从对方越走越远的朦胧背影中回头，你还有爱自己的能力和勇气。如果把十分的爱全给了对方，在爱中丧失了自己，一旦对方变心，你就会措手不及。没有自己、不留任何余地的爱是可怕的，具有毁灭性和颠覆性，很容易酿出悲剧来。所以，你千万不能把爱全部投注在对方的身上，怎么能把生命的赌注全部压到他人身上，去指望他人呢？

把 2/3 的爱留给自己，女人才能为自己留出个人的空间：那里保存着女人的尊严和价值、生命原则和人格魅力。因为这 2/3 的距离存在，对方会觉得仍有深入和进步的可能，同时也不会让对方觉得太累。在节奏繁忙、凌乱的都市生活中，是没有人愿意负载一份太沉太累的爱行走的。

对于女人来说，爱情是生命中最厚重的，是无价的。男人让女人一生激动、倾慕、依恋，更让女人温暖，因此所有的女人都渴望永久拥有这份情感，彼此牵手走过一生。但很多时候，女人不仅仅要为得到这份情缘而欣喜，更重要的是还需学会守护爱情的技巧。这些技巧包括：不要把你的爱人拿来和别人的比较；不可以整天追问对方爱不爱你；不要摆脸色给对方看；要适度表现你的体贴和柔情；要恰当地把握嫉妒和娇媚；永远把家庭放在第一位；把爱人的父母当成自己的父母。

在茫茫人海中寻觅到自己的最爱真的不容易，而重要的是要积极寻找保持爱情不老的动力。所以，女人应该用自己的智慧，寻找爱情的庇护，掌握守护爱情的技巧，握紧真爱的手，将爱进行到底。

留一些时间给自己

巴尔扎克说过，躬身自问和沉思默想能够充实我们的头脑。生活中，我们需要为自己找出一段完全属于自己的时间，和自己的心灵对话，体味生命的意义。

现在生活节奏在不断地加快，人们每日的生活被安排得满满的，甚至会为工作忙碌到深夜。每天忙碌的是工作，谈论的是工作，几乎没有任何的个人闲暇时间，更别说有什么娱乐活动。生活是丰富多彩的，而我们却只顾低头赶路！

曾经有一个都市白领在日记中这样写道："前几天，遇到一个好久不见的朋友，聊天的时候，他问了我这样一句话：'你是怎么休假的？'面对这个极其普通的问题，我竟半天答不上来。后来，静下心来仔细想想，我最大的苦恼，就是很难找到真正属于自己的时间。一周5天，一天8个小时，工作时间的紧张繁忙自不必说，连准时下班对我来说都是一种奢侈，因为多半时候到了下班时间无法结束工作。"

生活中需要一些时刻属于我们自己。有人问古希腊大学问家安提司泰尼："你从哲学中获得什么呢？"他回答说："同自己谈话的能力。"同自己谈话，就是发现自己，发现另一个更加真实的自己。

很多时候我们的内心常为外物所遮蔽掩饰，从而无暇去聆听自己内心最真实的声音。于是，我们总是在冥冥之中希望有一个天底下最了解自己的人，能够在大千世界中坐下来静静倾听自己心灵的诉说，能够在熙熙攘攘的人群中为我们开辟一方心灵的净土。可芸芸众生，"万般心事付瑶琴，弦断有谁听？"伯牙与钟子期这样深挚的友谊似乎都成了奢望。知己是难寻，不过友情也是需要经营的，我们却忽视了，所以我们孤单。

其实很多时候我们就是自己最好的知音，世界上还有谁能比自己更了解自己？还有谁能比自己更能替自己保守秘密呢？因此，当你烦躁、无聊的时候，不妨给自己一点儿时间，和自己的心灵认真地对话，让心灵退入自己的灵魂中，静下心来聆听自己心灵的声音，问问自己：我为何烦恼？为何不快？满意这样的生活吗？我的待人处世错在哪里？我是不是还要追求工作上的成就？我要的是自己现在这个样子吗？生命如果这样走完，我会不会有遗憾？我让生活压垮或埋没了没有？人生至此，我得到了什么、失落了什么？我还想追求什么……

在自己的天地里，你可以毫无顾忌地"得意"，可以慢慢修复自己受伤的尊严，也可以坦诚地剖析自己，告诉自己什么样的生活是适合自己的，在与自己的对话中，让心灵放松，找到最适合自己的生活方式。

当你的生活变得单调乏味时，当你的内心觉得需要审视自己时，女人该为自己留出一点儿时间，与自己独处，试着安静下来认真倾听内心最真实的声音。这种倾听可以让我们从生活的繁忙中抽身出来，让我们再度体验自己生命甘泉的甜美。

只要你想，你就能让自己变得美丽

如果把我们的生命比作一片沃土，那么，发现自己的眼睛就是一粒生命的种子，它深藏在每个人心里，随时都可能发芽并开出绚烂夺目的花朵。

每个女人都应该学会发现自己的美丽，不要让属于你的这粒生命种子永远埋在土里。

有一个叫爱丽莎的美丽女孩儿，总是觉得没有人喜欢自己，总是担心自己嫁不出去。她认为自己的理想永远实现不了，她的理想也是每一位妙龄女郎的理想：和一位潇洒的白马王子结婚、白头偕老。爱丽莎总以为别人都有这种幸福，自己却永远被幸福拒于千里之外。

一个周末的上午，这位痛苦的姑娘去找一位有名的心理学家，因为据说他能解除所有人的痛苦。她被请进了心理学家的办公室，握手的时候，她冰凉的手让心理学家的心都颤抖了。他打量着这个忧郁的女孩儿，她的眼神呆滞而绝望，声音仿佛来自墓地，她的整个身心都好像在对心理学家哭泣着："我已经没有指望了！我是世界上最不幸的女人！"

心理学家请爱丽莎坐下，跟她谈话，心里渐渐有了底。最后他对爱丽莎说："爱丽莎，我会有办法的，但你得按我说的去做。"他要爱丽莎去买一套新衣服，再去修整一下自己的头发,他要爱丽莎打扮得漂漂亮亮的,告诉她星期一他家有个晚会,他邀请她来参加。爱丽莎还是一脸闷闷不乐,对心理学家说:"就是参加晚会我也不会快乐。谁需要我?我能做什么呢?"心理学家告诉她:"你要做的事很简单,你的任务就是帮助我照顾客人,代表我欢迎他们,向他们致以最亲切的问候。"

星期一这天,爱丽莎衣衫合适、发式得体地来到晚会上。她按照心理学家的吩咐尽职尽责,一会儿和客人打招呼,一会儿帮客人端饮料,她在客人间穿梭不停,来回奔走,始终在帮助别人,完全忘记了自己。她眼神活泼,笑容可掬,成了晚会上的一道风景,晚会结束后,有3位男士自告奋勇要送她回家。

在随后的日子里,这3位男士热烈地追求着爱丽莎,她终于选中了其中的一位,让他给自己戴上了订婚戒指。不久,在婚礼上,有人对这位心理学家说:"你创造了奇迹。""不,"心理学家说,"是她自己创造了奇迹。所有的女人都能拥有这个奇迹,只要你想,你就能让自己变得美丽。"

人应当用一只眼睛观察世界,一只眼睛发现自己。学会发现自己的优点,这是每个女人都必须学会的。事实上,爱丽莎对自身产生怀疑,归根结底是因为她没有发掘出自己的闪光点,她看到了别人的精彩,却错失了自己的光彩。其实,每个女人都是自己最优秀的载体,接受自己,你并不是一无是处。

失去自我是人生中最痛苦的事

如果女人一味地遵循别人的价值观,想着取悦别人,最后你会发现"众口难调",每个人的喜好都不一样,失去自我,其实就是人生中痛苦的根源。

古语说"以铜为镜，可以正衣冠；以人为镜，可以明得失"。意思是说，每个人都是一面镜子，我们可以从别人身上发现自己，认识自己。然而，如果一个人总是拿别人当镜子，就会逐渐迷失那个真实的自我，就会难以发现自己的独特之处。

有这样一则寓言：

有两只猫在屋顶上玩耍。一不小心，一只猫抱着另一只猫掉到了烟囱里。当两只猫同时从烟囱里爬出来的时候，一只猫的脸上沾满了黑烟，而另一只猫脸上却干干净净。干净的猫看到满脸黑灰的猫，以为自己的脸也又脏又丑，便快步跑到河边，使劲地洗脸；而满脸黑灰的猫看见干净的猫，以为自己也是干干净净的，就大摇大摆地走到街上，出尽了洋相。

故事中的那两只猫实在可笑，它们都把对方的形象当成了自己的模样，其结果是无端的紧张和可笑的出丑。它们的可笑在于没有认真地观察自己是否弄脏，而是急着看对方，把对方当成了自己的镜子。同样的道理，不论是自满的人还是自卑的人，他们的问题都在于没有了解自己，对自身没有形成清晰而准确的认识。

每个人都有自己的生活方式与态度，都有自己的评价标准，你可以参照别人的方式、方法、态度来确定自己采取的行动，但千万不能总拿别人当镜子。总拿别人做镜子，傻子会以为自己是天才，天才也许会把自己照成傻瓜。

胡皮·戈德堡成长于环境复杂的纽约市切尔西劳工区。当时正是"嬉皮士"时代，她经常追逐潮流，身穿大喇叭裤，头顶阿福柔犬蓬蓬头，脸上涂满五颜六色的彩妆。为此，她常遭到附近人们的批评和议论。

一天晚上，胡皮·戈德堡跟邻居友人约好一起去看电影。时间到了，她依然身穿扯烂的吊带裤，绑染的衬衫，顶着阿福柔犬蓬蓬头。当她出现在朋友面前时，朋友看了她一眼，然后说："你应该换一套衣服。"

"为什么？"她很困惑。

"你扮成这个样子，我才不要跟你出门。"

她怔住了："要换你换。"

于是朋友转身走了。

当她跟朋友说话时，她的母亲正好站在一旁。朋友走后，母亲走向她，对她说："你可以去换一套衣服，然后变得跟其他人一样。但你如果不想这么做，而且坚强到可以承受外界嘲笑，那就坚持你的想法。不过，你必须知道，你会因此引来批评，你的情况会很糟糕，因为与大众不同本来就不容易。"

胡皮·戈德堡受到极大震撼。她忽然明白，当自己探索一条"另类"道路时，没有人会给予鼓励和支持，哪怕只是一种理解。当她的朋友说"你得去换一套衣服"时，她的确陷入了两难抉择：倘若今天为了朋友换一次衣服，日后还得为多少人换多少次衣服？她明白母亲已经看出了她的决心，看出了女儿在向这类强大的同化压力说"不"，看出了女儿不愿为别人改变自己。

人们总喜欢评判一个人的外形，却不重视其内在。要想成为一个另类的个体，就要坚强到能承受这些批评。胡皮·戈德堡的母亲的确是位伟大的母亲，她懂得告诉孩子一个根本的处世道理——拒绝改变并没有错，但是拒绝与大众一致也是一条漫长的路。

胡皮·戈德堡一生都未摆脱"与众一致"的议题。她主演的《修女也疯狂》是一部经典影片，而其扮演的修女就是一个很另类的形象。当她成名后，也总听到人们说："她在这些场合为什么不穿高跟鞋，反而要穿红黄相间的快跑运动鞋？她为什么不穿洋装？她为什么跟我们不一样？"可是到头来，人们最终还是接受了她的影响，学着她的样子绑黑人细辫子头，因为她是那么与众不同，那么魅力四射。

　　做人亦如同穿衣，不能改来改去；否则，就不会是自己了。其实，生活中原本就没有什么一成不变的条条框框，只要按自己的方式生活，世界可能就会随着你改变。

第四章

温婉的玫瑰,从不会盛气凌人

具有弹性的性格

真正的智慧女性具有一种大气而非平庸的小聪明，是灵性与弹性的结合。一个纯粹意义上的"知性"女人，既有人格的魅力，又有女性的吸引力，更有感知的影响力。她不仅能征服男人，也能征服女人。

弹性是性格的张力，有弹性的女人收放自如、性格柔韧。她非常聪明，既善解人意又善于妥协，同时善于在妥协中巧妙地坚持到底。她不固执己见，但自有一种非同一般的主见。男性的特点在于力，女性的特点在于收放自如的美。其实，力也是知性女人的特点。唯一的区别就是，男性的力往往表现为刚强，女性的力往往表现为柔韧。弹性就是女性的力，是化作温柔的力量。有弹性的女人使人感到轻松和愉悦，既温柔又洒脱。

这类女人不必有羞花闭月、沉鱼落雁的容貌，但她必须有优雅的举止和精致的生活。不必有魔鬼身材、轻盈体态，但她一定要重视健康、珍爱生活。她们在瞬息万变的现代社会中总是处于时尚的前沿，兴趣广泛、精力充沛，保留着好奇纯真的童心。她们不乏理性，也有更多的浪漫气质——如春天里的一缕清风。书本上的精词妙句，都会给她带来满怀的温柔、无限的生命体悟。她们因为经历过人生的风风雨雨，因而更加懂得包容与期待。她们具有灵性与弹性完美统一的内在气质。具体来说，女人的魅力主要体现在以下几个方面：

1. 丰富的内心

有理想，是内心丰富的一个重要方面；有知识，是内心丰富的另一个重要方面，这是现代女性所必不可少的。掌握一定的科学文化知识会使女性魅力大放光彩。除此以外，女性还需要胸怀开阔。法国作家雨果说过:"比大海宽阔的是天空,比天空宽阔的是人的胸怀。"然而,多数女人做不到这一点。

2. 突出的个性

女性的美貌往往具有最直接的吸引力,而后,随着交往的加深、广泛的了解,真正能长久地吸引人的却是她的个性。因为这里面蕴含了她自己的特色,是在别人身上找不出来的。正如索菲亚·罗兰所说:"应该珍爱自己的缺陷,与其消除它们,不如改造它们,让它们成为惹人怜爱的个性特征。"刚柔相济是中国传统美学的一条原则,人的温柔并非沉默,更不是毫无主见。相反,开朗的性格往往透露出女性天真烂漫的气息,更易表现人的内心世界。

3. 优雅的言谈

言为心声,言谈是窥测人们内心世界的主要渠道之一。在言谈中,对长者尊敬,对同辈谦和,对幼者爱护,这是一个人应有的美德。

4. 高雅的志趣

高雅的志趣会为女性的魅力锦上添花,从而使爱情和婚后生活充满迷人的色彩。每个女性的气质不尽相同。女性的气质跟女性的人品、性情、学识、智力、身世经历和思想情操分不开。要有优雅的气质和风度,需有良好的教育和修养。

我们可以这么说,魅力实际上是一种无形的吸引力,是人类社会中各种交往活动不可缺少的条件,也是由心理的、社会的、文化的、习惯经验的等诸多因素相融合的统一体,并在人际交往中得以充分的表现。魅力包含着深厚而丰富的心理内容,是一种人格特征,是人们心理机制与外在行为的完美统一,也是人际间评价美的唯一的标准。

温柔是温暖的港湾，人人都愿意停靠

作为一个现代女性，不仅要保留自己独立的个性，也要保留那传统的温柔之美，这会让你受益无穷，也是你一生的魅力所在。

谈起"温柔"，人们总是给它插上自由飞翔的双翅，把它喻为闭月羞花、沉鱼落雁、轻歌曼舞、雅乐华章，还有人把它喻为最纯洁的"水"。水——那一汪汪清洌粼粼、盈盈的水，是那么的明净透彻、可亲可爱，多少人为它发出了由衷的感叹，多少人对它表示了惊喜的礼赞——温柔之美啊！美就美在柔情似水。著名学者朱自清在《女人》一文中对女性的温柔做了绝妙的描绘："我以为艺术的女人第一是她的温醉空气，使人如听着箫管的悠扬，如嗅着玫瑰的芬芳，如躺在天鹅绒的厚毯上。她是如水的蜜，如烟的轻，笼罩着我们。我们怎能不欢喜赞叹呢……"由此可见，女性品格的这种温柔的美，是多么的令人陶醉，多么的令人沉湎，多么的令人神往！

女人最能打动人的就是温柔。当然，这种温柔不是矫揉造作，温柔而不做作的女人，知冷知热、知轻知重。和她在一起，内心的不愉快也会烟消云散，这样的女人是最能令人心动的。

一个女人站在面前，说上几句话，甚至不用说话，你就能感觉出这个女人是不是温柔。这种女人味与年龄无关，甚至与外表也没有特别大的关系。

"现在的女孩儿子都一副咄咄逼人的样子，一点儿也不温柔！"经常可以听到一些男士对现代女性发出类似的怨言。的确，与过去的女性相比，有些现代女性很少有柔顺体贴、小鸟依人的时候了。取而代之的，是作风像男性、满不在乎的所谓"新潮女性"。对于男士的"悲叹"，你可能会柳眉倒竖、杏眼圆睁、气势汹汹地反驳："时代不同了，现在我们可是和男人'平起平坐'的。你大学毕业，我还念过研究生呢；你月收入3000，我还年薪80000呢！我干吗对你百依百顺，做出一副可怜兮兮的'柔弱'状？"

这些话虽然言之有理，但是不论中外，雄性都是代表阳刚，雌性则代表阴柔，有学问、有能力的女性固然令男士倾慕，但也不应该因此而失去女性特有的温柔。

所谓女人味，是指那种看起来含蓄、优雅、贤淑、柔静的女人的味道，也是一种令一般男性不可抗拒的力量。尤其是处于保守的东方社会，男人所期望的仍然是富有母爱温柔的女性，如果女性的行为太开放，言语太大胆，只会令男士们望而却步。

在生活中，男性的严肃常常显示出一种深沉、成熟、沧桑、刚毅之美，而女性的严肃则更多地给人以冷漠、严厉的感觉，甚至会得到"不像个女人"的评价。观察你身边的女人，你会发现：讨人喜欢、人缘好的往往不是那些"冷面美人""病态西施"，而是那些面相随和、温柔的女性。即使她的五官不精致、身材欠婀娜，但她洋溢着善良与爱心的神情气质，却能给人一种精神上的美感和情感上的抚慰。因为人是有思想的，需要的是鲜活生动的、感情上的相互交融与关爱。对于女性，人们期待更多的是一种蕴含着母爱的美，这是一种崇高的美。这种美能够弥补先天的缺憾，使年轻的女性可爱、年老的女性伟大。

温柔是女人的终极武器，哪个男人不愿意被这样的武器击倒？温柔有一种绵绵的诗意，它缓缓地、轻轻地蔓延开来，飘到你的身旁，扩展、弥散，将你围拢、包裹、熏醉，让你感受到一种宽松，一种归属，一种美。

温柔是女性独有的特点，也是女性的宝贵财富。如果你希望自己更完美、更妩媚、更有魅力，你就应当保持或挖掘自己身上作为女性所特有的温柔性情。

那么在日常生活中，女性怎样才能让自己的表现更温柔、更有魅力呢？你可以从以下 7 个方面来培养并释放自己的柔性魅力。

1. 通情达理

这是女性温柔的最好表现。温柔的女性对人一般都很宽容，她们为人谦让、对人体贴，凡事喜欢替别人着想，绝不会让别人难堪。

2. 富有同情心

这是女性的温柔在为人处世方面的集中表现。对于老、弱、病、残、幼及境遇不佳者，女性都应表现出应有的同情，并尽自己最大的努力去帮助他们。

3. 吃苦耐劳

这是东方女人的传统美德，特别表现在家庭生活方面。已婚女人要相夫教子、孝敬长辈、勤俭持家，同时还要兼顾自己的工作，这就更需要女人有吃苦耐劳的精神。

4. 善良

就是要有爱心，对人对事都抱着美好的愿望，乐于关心和帮助别人。对家人尤其是子女要表现出更多的关爱。

5. 性格柔和

温柔的女人绝对不会一遇到不顺的事就暴跳如雷或火冒三丈。以柔克刚，这是温柔女人的最高境界。

6. 温馨细致

让人心动的不只是一个女人做出了多么惊人的业绩，更多的情况下，是女人那种适时适地的细心关怀和体贴，最能叫人怦然心动。和她一同出门时，你吃东西弄脏了手，她将备好的纸巾递上；衣服扣子掉了，细心的她正好带着针线……这些细微之处充分体现了女人难以抗拒的温柔魅力。

7. 不软弱

温柔绝不等于软弱。温柔是一种美德，是内心世界力量充实的表现，而软弱则是要克服的缺点，二者不可混淆。

总之,温柔可以体现在各个方面,在聪明女人的生活领域,处处都能体现出温柔的特征。而且值得回味的是,女性的温柔不仅能够把它的芳香洒向世界各地,还可以突破时间年龄的约束,永远贯穿于每个女性的一生。

女性正是依着自己那千种风流、万般妖娆的温柔性格,才给男士开辟了一个可以置身于其中的温馨世界,从而达到了爱情生活的美好和谐;才给男士创造了一个可以感受其内在的审美对象,女性从而在同阳刚之美的对立统一中看到了自身存在的价值,使自身的美感境界得以自由伸展和全面升华。

女人,让爱心和善良与你同行

一个女人的生命,除非有助于他人,除非充满了喜悦与快乐,除非养成对他人怀着善意的习惯,对他人抱着亲切友善的态度,并从中得到喜悦与快乐,否则她就不能称得上成功,也不能称得上幸福。

佛家常说:"放下屠刀,立地成佛。"人生在世,谁都会犯错,有人甚至一错再错,陷入迷途而不知返。但只要心底深处的良知尚未完全泯灭,他的灵魂便仍旧保持着一份清净。

善良,是一种温馨的力量,它总是很容易地聚集人气,使你成为最受欢迎的人。

英国有位孤独的老人,无儿无女,又体弱多病,他决定搬到养老院,并宣布出售自己漂亮的住宅。

因为这是栋有名的住宅,所以购买者闻讯蜂拥而至。住宅的底价是 8 万英镑,但人们很快就将它炒到 10 万英镑,而且价钱还在不断攀升。老人深陷在沙发里,满目忧郁。是的,要不是健康状况不行了,他是不会卖掉这栋他度过大半生的住宅的。

一个衣着朴素的年轻女人来到老人面前,弯下腰低声说:

"先生，我也想买这栋住宅，可我只有1万英镑。""但是，它的底价就是8万英镑，"老人淡淡地说，"而且现在它已经升到10万英镑。"女人并不沮丧，她诚恳地说："如果你把住宅卖给我，我保证会让你依旧生活在这里，和我一起喝茶、读报、散步。相信我，我会用整颗心来照顾你！"

老人站起来，挥手示意人们安静下来。"朋友们，这栋住宅的新主人已经产生了，就是这位姑娘！"

爱心没有早晚。拥有它的女人，既赠与他人幸福，又让自己的生命更有价值。播种爱与善的种子，对一个人而言，任何时候都不算晚。

多一份付出，就像一盏明灯一样照着你自己，并使你更深层次地感悟：什么是人生？多份付出，能够使你确信你正在做正确而且有益的事情，它使你更能对自己的良知负责，并且给你信心。多份付出，还在于它能使你强化自己的能力，并且追求更高质量的生活。因为，此时你拥有着最佳的心态，并借着有规律的自律行动，你将会越来越了解多付出一点点的整个过程和意义。

善良能给予人们莫大的收获。女人要想收获幸福，就要懂得心存善念，多行善事。

善解人意，女人为自己佩戴的魅力光环

作家李敖对好女人曾有这样的评价："真正够水准的女人，她聪明、柔美、清秀、妩媚、有深度、善解人意、体贴自己心爱的人，她的可爱毫不嚣张，她像空谷幽兰，只是不容易被发现而已。"

女人最重要的一点儿就是"善解人意"，一个善解人意的女人，一定是一个集聪明、温柔、大方、体贴于一身的人。

法国巴黎的拉·维耶酒店和其他的酒店不一样，那里没有菜谱。当人们来到小酒店时，66岁的女主人会告知你该吃什么东西、不该吃什么东西，如果她知道你在减肥节食或者看上去你应该节食，她就不会给你上小牛肝、小牛肾之类的高蛋白食物。即使你点了别的菜，她也不给你，因为她完全知道什么食物对你有好处。

　　在这个小酒店里，女主人像一位母亲或家庭主妇似的，当天想到什么菜就烧什么菜。而客人也像回到家里一样，她烧什么菜就吃什么菜，不需自己点菜。这个小酒店的这一经营特色，招徕了不少客人，有一位叫亮的顾客竟在她的店里吃了25年午餐。

　　这位叫亮的顾客一口气说出了他在这儿连续吃午餐的数十个原因，其中若干个都跟女老板的善解人意有关。亮第一次到这里吃饭是因为他工作被炒掉，而他当月的薪水又被贪婪的上司扣发，所以一肚子委屈和苦闷地来到了这个小酒店。但他没想到自己会被酒店的女老板狠狠地批评了一顿，因为爱喝酒的他怕在酒店里买酒太贵，每次吃饭前总要在外面小店里买一些劣质酒。他被老板训斥的原因是因为他的脸色不好，象征着他的肝脏不好，女老板给他换了一瓶对肝脏有保护作用的温酒，并免了他的酒水费，本来心情很不好的他得到了一份莫名的关心，一下子食欲大增。

　　亮还说了他和他的一位正闹离婚的朋友一起在拉·维耶酒店吃饭的故事。那天酒店里的一道菜和他的那位朋友的妻子常常做的一个味道。女老板不一会儿走来问菜的味道怎么样，当时问亮的朋友时，亮的朋友拼命地点头说："味道不错。"亮的那位朋友回家后，发现妻子正好做的是刚吃过的那道菜，忍不住想对比一下，结果尝完以后，感觉很好，便大声对妻子说"味道不错"，他妻子幸福得差点儿掉下眼泪。因为结婚以来，他这还是第一次夸奖妻子，妻子正因为他不善解人意而跟他闹离婚。亮的这位朋友后来常到小店吃饭。

这家小酒店之所以能吸引那么多的顾客，就在于老板娘的善解人意。其实女人要善解人意，并不是一件易事，不仅要有宽广的胸襟，还要有聪明的头脑。

善解人意的女人对人生有领悟，她知道自己的男人虽然是她今生今世的至亲至爱，但在男人骨子里事业还是胜过爱情。

善解人意的女人无论在什么时候都不会把男人当成私有财产，要男人对自己言听计从，不会在男人忙于工作时抱怨男人不顾家，也不会让男人时时刻刻牵挂着自己。

善解人意的女人知道好男人就像是在高天中盘旋的鹰，只有当这只鹰很累了或是想要休息时，才会回到女人身边，才会想起享受他的爱情。

善解人意的女人知道男人把荣誉和脸皮看得比生命还重，知道在男人的精神世界里有哪些禁区，她总是很小心地不去碰这些禁区，她总是想着不要使男人的尊严受到伤害。

善解人意的女人绝不会和自己的男人斗气斗勇，绝不会像泼妇一样把男人打得像只斗败的公鸡。

善解人意的女人知道男人发火90%以上不是眼前这个原因，导火索潜存于男人的情感世界的另一处。

善解人意的女人深知平平淡淡才是真，点点滴滴总关情。

男人多数是极具理性的，他们不会因为善解人意的女人谦让而得寸进尺，他们会对善解人意的女人心存感激。在生活的河流上，他们同乘一条船，用风雨同舟显然已经不够，因为在男人眼里，善解人意的女人不仅仅是坐船的，也不仅仅是划船的，而是帮着男人掌舵的。女人，让你的善解人意为你佩戴上魅力的光环吧！

改变表达方式，温柔地说出你的不满

聪明的女人在与丈夫发生争执时会以柔制刚，温柔地说出自己的不满，从而掌握主动，让婚姻在磨合的过程中更亲密、更融洽、更快乐。

每个人都是有缺点的，当你发现丈夫的缺点时，如何避开口舌之争，还能让他心甘情愿地为你做出改变呢？这就取决于你的言语方式。

其实，化解这场战争并不需要强大的力量或做出什么巨大的改变，它需要的仅仅是字眼的小小改变，这种小小改变能使你的话语充满神奇的色彩，而最主要的则是调节你的情绪，不要带着火气和抱怨，这才是创造和谐关系的秘密所在。

1. 不要用责备的口吻否定他

责备你的另一半的行为不当，你往往会指出做这件事的正确和错误的方法。虽然看上去你的方法可能最好，可事实上它常常是带有你的主观偏好的。葛特曼博士指出："责难会使夫妻感情疏远。"家庭中两个人要做到相互平等，当需要做家务活时，男人们必须抛掉让自己很舒服的想法；而女人也得放弃控制男人完成这件事的过程。显然，做他的顾问比对他指手画脚效果要好得多。

千万不要完全否定他，像"这事你一直就没做对过"这句话要改为："你是做了很多努力，但用这种方式是不是太费劲了？"不要吝啬对他的感激和肯定之词，这会令他乐于继续坚持下去。幸福的夫妻往往建立在彼此欣赏的基础上，学会赞美，哪怕是日常生活中最细枝末节的地方，也不要忘记说声"谢谢"。

2. 不要说"为什么你总是不听我说"

如果你说你的伴侣总是不听你的，不仅满是责备而且还夸大了怨气。毕竟，即使是最不虚心的人，对你所说的话也会在意几分。美国西雅图华盛顿大学社会学教授佩伯·施沃兹指出：如果你使用"总是"或者"从不"这样的字眼，你的丈夫此刻就不可能和你进行正常的交谈。同时，这种全盘否定的说法，也把问题的责任全部推到他的身上，而让自己脱离了所有干系。

而以"这对我真的很重要"这句话作为开场，则会为你打开一扇进行建设性对话的大门。它会令你有机会说出被他拒绝的话，而且提出解决问题的建议。

在表述你的观点时要冷静。丹佛大学心理学教授赫沃德·玛克曼博士认为，通常妻子对丈夫最大的抱怨是他完全不和你说什么；而丈夫们最一致的看法却是说得太多会引起争执。因此，他建议：如果你想你的丈夫不仅听你说，而且更多地和你交流，就要始终做到心平气和。

3. 不要随便威胁他

"说得对，我正是要离开你！"这句威胁的话听上去好像很引人注意，但它往往很危险，而且不给进一步的交谈留一点儿余地。施沃兹博士解释说："你的丈夫可能会对你说'再见'，或者讥讽你不过是做做样子，而这两种结果都是对你的一种羞辱。"就算你确实怒气冲天一走了之，你们的关系也不会就此结束，尤其还要牵涉到孩子的问题。

不要把那些一触即发的冲动放在心上，毕竟你并不是真的想要离开，要寻求能就此进行交流的途径。在这种情况下，只要夫妻间的关系还没有破裂，说出真实的感受有助于接触到问题的根本。不过，对于大多数婚姻而言，动不动就用离开来进行威胁，只能随着时间的推移而变成现实。葛特曼解释说："这就有点儿像自杀，总是威胁要离婚的人，将自己未来的道路一点点儿地逼进绝境。"当你气急败坏、无法控制自己的情绪的时候，你也只能这么说："那给我一种想要离开你的感觉。"

女性朋友们应该学会用温情的言语对待丈夫，如果和丈夫说话总是生硬的，或者你的本意也许是好的，可话说出来就会变了味。因此，最好改变你的表达方式，温柔地说出你的不满，这样既可以改变他，还能维护好你们之间的感情。

委婉含蓄，将语言"软化"后再说出来

委婉含蓄的说话艺术，能有效地避免生硬和直率带来的各种弊端，让女人的人际往来更加顺畅。

对于女人来说，不能什么事都直来直去，要学会委婉含蓄地表达。

委婉，或称婉转、婉曲，是指在讲话时不直陈本意，而用委婉之词加以烘托或暗示，让人思而得之，而且越揣摩，含义越深越远，因而也就越具有吸引力和感染力。

现代文学大师钱锺书先生是个谦逊的人，居家耕读，最怕被人宣传，尤其不愿在报刊、电视中露面。他的《围城》再版以后，又被拍成了电视剧，在国内外引起轰动。不少记者都想约见采访他，均被钱老谢绝了。一天，一位英国女士打通了他家的电话，恳请让她登门拜见。钱老一再婉言谢绝没有效果，最后说："假如你看了《围城》，像吃了一个鸡蛋，觉得不错，何必要认识那个下蛋的母鸡呢？"

钱先生的回话虽是借喻，但从语言效果上看，却是达到了"一石三鸟"的奇效：其一，是属于语义宽泛、富有弹性的模糊语言，给听话人以思考悟理的伸缩余地；其二，与外籍女士交际，不宜明拒，采用宽泛含蓄的语言，尤显得有礼有节；其三，更反映了钱先生超脱名利的这种谦逊淳朴的人格之美。

可见，委婉含蓄主要具有三方面的作用：第一，人们表露某种心事、提出某种要求时，常有羞怯、为难心理，而委婉含蓄的表达则能解决这个问题。第二，每个人都有自尊心。在人际交往中，对对方自尊心的维护或伤害，常常是影响人际关系的直接原因。而有些表达，如拒绝对方的要求、表达不同于对方的意见、批评对方等，又极容易伤害对方的自尊。这时，委婉含蓄的表达则既能达成表达任务，又能维护对方自尊。第三，在某种情境中，例如有第三者在场，有些话不便说，这时就可用委婉含蓄的表达方式。

关于委婉含蓄的表达，大致有如下几种方法：

一是仔细研究事物之间的内在联系，利用同义词语表达自己的思想；

二是由外延边界不清或在内涵上极其笼统概括的语言来表达自己的思想；

三是使用修辞方式，如比喻、借代、双关、暗示等；

四是有些事情不必直接点明，只需指出一个较大的范围或方向，让听者根据提示去深入思考，寻求答案；

五是侧面回答对方的问题。

最后，还要关注这样一种情况，委婉含蓄不等于晦涩难懂，它的表现技巧首先是建立在让人理解的基础上，同时要注意使用范围。如果说话晦涩难懂，便无委婉含蓄可言；如果使用委婉含蓄的话不分场合，便会引起不良后果。运用方圆之道要切记掌握好语言的"软化"艺术。

眼神温柔起来，给他一种美好感觉

一对恋人在一起，彼此一言不发，仅靠含情脉脉的眼神就能表达双方爱慕之意。在为人处世时，你的温柔的眼神也可以发挥很大的作用。

直觉敏锐的客户初次与推销人员接触时往往仅看一下对方的眼睛就能判断出"这个人可信"或"要当心这小子会耍花

样"，有的人甚至可以透过对方的眼神来判断他的工作能力的强弱。

与人交往时，能否博得对方好感，眼神可以起主要的作用。以推销人员为例，言行态度不太成熟的推销员，只要他的眼神好、有生气，即可一优遮百丑；反之，即使能说会道，如果眼神不好，也不能博得客户的青睐，反而会落得"光会耍嘴皮子"的下场。不少推销人员在聊天时眼神柔顺，但在商谈时却毛病百出，尤其在客户怀疑商品品质或进行价格交涉时，往往一反常态与之争吵起来。

一本正经的脸色和眼神有时虽也能证明他不是在撒谎，但是，这种情况仅在客户争相购买的时候才会起好的作用。在一般情况下，一本正经往往容易伤害对方的感情而导致商谈失败。作为一位推销人员，不论如何强烈地反驳对方都必须笑容满面，如果不笑就无法保持温柔的眼神。在推销员的"辞典"里，没有嘲笑的眼神、怜悯的眼神、狰狞的眼神或愤怒的眼神。下面这些都是遭人反感的不当眼神，女人一定要注意在实际工作中尽量避免，以免给工作带来不利影响。

1. 不正眼看人

不敢正眼看人可分为不正视对方的脸，不断地改变视线以离开对方的视线，低着头说话，眼睛盯着天花板或墙壁等没有人的地方说话，斜着眼睛看一眼对方后立刻转移视线，直愣愣地看着对方，当与对方的视线相交时立刻慌慌张张地转移视线，等等。

大家都知道，怯懦的人、害羞的人或神经过敏的人是很难成事的。

2. 贼溜溜的眼神

当找人办事时，你要是有一双贼溜溜的眼睛可就麻烦了。有的人在找别人办事时，常有目的地带着一副柔和的眼神，可是一旦紧张或认真起来则原形毕露。

这种人必须时时刻刻注意自己平时的行为，养成使自己的

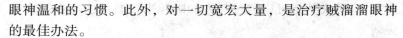

眼神温和的习惯。此外，对一切宽宏大量，是治疗贼溜溜眼神的最佳办法。

3. 冷眼看人

有一颗冷酷无情的心，那么眼神也会给人一种冷冰冰的感觉。有的人心眼虽然很好，可是两眼看起来却冷若冰霜，例如理智胜过感情的人、缺乏表情变化的人、自尊心过强的人或性格刚强的人等往往有上述现象。这种人很容易被人误解，因而很容易被人嫌弃，这是十分不利于工作和生活的。

这类人完全可以对着镜子，琢磨一下如何才能使自己的眼神变得柔和、亲切及惹人喜欢，同时也要研究一下心理学。如果对自己的矫正还不太放心，可请教一下身边的朋友。

4. 混浊的眼睛

上了年纪的人眼睛混浊是正常现象。但是有的人年纪轻轻却也眼睛混浊充满血丝。这样的人会给别人带来一种不清洁的感觉。

只要不是眼病，年轻人的眼睛本不会混浊。眼睛混浊的年轻人往往是由于睡眠不足和不注意眼睛卫生所引起的，因此，要注意睡眠和保证眼睛卫生。

5. 直愣愣的眼神

找别人时，环顾四周是件非常重要的事。如果你目不斜视、直愣愣地朝着对方的办公桌走去，那就是没有经验的表现。应该怎么办呢？首先，要环顾一下四周，视线能及的人（不要慌慌张张地瞪着大眼睛像找什么东西似的东张西望，而要用柔和亲切的眼神自然地环视四周），近的就走上前去打个招呼，远的就礼貌地行个注目礼。

对待任何人，即使是与你的业务并无直接关系的人，也要诚心诚意地和他们打招呼，这样不但可以提高你的声望，而且在某些情况下他们还会给你意想不到的帮助。

另外，和很多人说话时行注目礼也是很重要的事，要一边移动视线交互看所有人的脸,一边说话。一般来说大家比较注意发言多的人,而往往忽视了不发言的人,这就有点儿失礼了。对一言不发的人也要注意到,这样一来气氛就会更融洽。

总之,你要尽可能想办法克服上述那些不利的眼神。平时你也可以将自己所喜爱的认为极富魅力的明星照片放在随时可以看到的地方,并经常观察。坐到镜子前,看看你眼睛的形状和光亮度,看你适合哪种眼神,做媚眼、平视、瞪眼、斜眼等动作,找到令你感觉最好的眼神并加以练习,等你习惯以后就会不自觉地流露出来了。一些人或许会认为对明星神态的模仿只会出现一个令人恶心的复制品,这种看似缺乏说服力的担忧实际上是杞人忧天。由于每个人所处的环境和社会经历不同,无法造就两种完全相同的气质。在你完全熟练把握某种神情时,那已经是你自己的感觉,而不是玛丽莲·梦露的感觉,因为这种感觉的差异,使你神情的发挥和把握显示出某种不同的个性来。

只要你加以练习,就会让自己的眼神看起来更加温柔,给人留下美好的感觉。这样就会有利于我们的人际交往。

做让人喜欢的"柔情玉女"

女人,最能打动人的就是温柔。温柔像一只纤纤玉手,知冷知热,知轻知重。只这么一抚摸,受伤的灵魂就愈合了,昏睡的青春就醒来了,痛苦的呻吟就变成了甜蜜幸福的鼾声。

年轻女人,善于在纷繁琐事忙忙碌碌中温柔,善于在轻松自由欢乐幸福中温柔,善于在柳暗花明时温柔,善于在关切和疼爱中融合情人与妻子两种温柔,善于在负担和创造中温柔,更善于填补温柔、置换温柔,这些是走向魅力女人的不可轻视的艺术。

上班、工作、休息、一言一行、一颦一笑、举手投足间,富有魅力的女人始终表现出温柔。温柔能折射出一个女人的兴趣情调、品质修养；温柔能反映出一个社会的时代风尚、文明程度。

不说容貌体肤，单就可爱女人的气质情致而论，那千种娇媚、万般风情，谁又能说得尽呢？

作为聪明女人，你尽可以潇洒、聪慧、干练、足智多谋，但有一点不能少，你必须温柔。女人存在的理由就是因为她具备男人所缺乏的温柔。

"温柔"这两个字很自然地和关心、同情、体贴、宽容、细语柔声联系着。温柔有一种无形的力量，能把一切愤怒、误解、仇恨、冤屈、报复融化掉。在温柔面前，那些吵闹吼叫、斤斤计较、强词夺理，都显得那么可笑可怜。

温柔是女人别有的风情，温柔有一种绵绵的诗意，女人把它缓缓地、轻轻地散发出来，飘到你的身旁，扩展、弥漫，将你围拢、包裹、熏醉，让你感受到一种放松、一种归属、一种美。

温柔是一块磁石，只要你进入它的磁场之内，你就会不知不觉被它吸引，想躲也躲不开。

温柔里面包含着深刻的东西，不是生硬地表演出来的，而是生命本体的一种自然散发。只有生长于生命内部的这种本性才经得起考验，经久不衰，一直相伴到生命的终结。

温柔的女人给他人如沐春风的爱恋，也给了自己最甜美的幸福滋味。

恋人的温柔似雾似花，有一份朦胧，有一份浪漫。恋人的温柔仿若催化剂，催发着爱情的果实早日成熟。夫妻间的温柔像春日的艳阳，像秋夜的明月，为生活平添了温馨和明净；朋友的温柔会在困境里产生韧性的向上力，得意时流露出成功的洒脱与飘逸……

如今，女性已经摆脱了几千年受歧视的地位，与男性平起平坐。不得不承认，作为群体，年轻女人的温柔明显减少，多了些咄咄逼人的犀利气质。

很多年轻的女人在谈到温柔时，会这样说，都什么时代了，还谈什么温柔？相信这种回答会令男士心痛而又无奈。

应当指出，女人在追求独立人格的同时，也不应放弃温柔，温柔与追求独立人格并不矛盾。男人需要女人温柔，正如女人需要男人阳刚一样，这是心理和生理的差异造成的，也是男人和女人之间的互补性要求。温柔是理解、是关怀，年轻的女人温柔一点儿，无疑可以使爱情更加甜蜜。

温柔如风，可拂去心里的烦恼与忧愁；温柔似雨，可滋润心里的干涸与扬尘；温柔像虹，能映照自暴自弃之人重新扬帆的锦绣前程；温柔也似利剑，剽悍粗犷的人会在这柄利剑前垂下高傲的头颅。温柔，最是女人本色，所以，聪明女人都应争当"柔情玉女"。

娇羞是一种朦胧的美丽

娇羞朦胧，魅力无穷。娇羞犹如披在女人身上的神秘轻纱，增添了一种迷离朦胧的美感，这是一种含蓄的美，是一种蕴藉的柔情。

韩剧《星梦奇缘》中，男主角江民之所以爱上女主角涟漪，正是由于她时时流露出的娇羞女儿姿态，让他内心产生一种想要拥她入怀，终生呵护她的欲望。娇羞的涟漪，尽管也深深地爱着江民，但她总不敢像时下热情奔放型的女孩儿一般，大胆将内心的爱意说出口，而总是将那份深深的爱埋藏心底。她和江民相处了那么久，只有唯一的一次告白，那是在相思之苦的煎熬下，才让一句"你知道我有多想你吗"脱口而出，让江民为之动容。虽然涟漪不擅长用言词表白自己的爱意，但她含情的眼神、绯红的脸颊和温柔的笑容，却在默默地向江民袒露心迹，告诉这个优秀的男人自己有多爱他。

　　许多时候，女人一脸的娇羞会胜过无数的情话，让优质男的心怦怦跳动不停。娇羞的女人，在男人的眼中有一种别样的魅力，令他们魂牵梦萦，欲罢不能。有男人喜欢女人一脸娇羞的表情，曾写诗赞道："姑娘，你那娇羞的脸使我动心，那两片绯红的云显示了你爱我的纯真。"就连著名诗人徐志摩都写诗赞叹："最是那一低头的温柔，像一朵水莲花，不胜凉风的娇羞。"老舍先生也以为："女子的心在羞耻上运用着一大半，一个女子的脸红胜过一大片话。"

　　娇羞是女人独特的美丽，它是一种青春的闪光、感情的信号，是被异性撩动了心弦的一种外在表现，是传递情波的一种特殊语言。当心仪的他出现在眼前，女人内心深处的一颗心不由自主地悸动，反应到脸上便是一脸的羞涩，红晕爬上了青春美丽的脸庞，似一种无声的诱惑语言，撩动了他内心的爱情之弦。当女人知道了羞涩对男人的魅惑力，就学会了在脸颊涂抹淡淡的红色胭脂，似一抹羞涩的红云，男人看在眼里，心里愈发荡起层层的涟漪。

　　温柔似水是大多数女人的天性，纯真善良是女人应有的品质，而娇羞正是二者的结合与体现。娇羞的女人是春天的草，想探头，却似露非露；娇羞的女人是清晨的雾，朦朦胧胧，似古时的女子，掩袖遮那颊上的彩云；娇羞的女人是天上的月，看似好近，实则好远，只能视作风景欣赏，静静存放心里面；娇羞的女人是一缕风，柔柔拂面，情不自禁伸手去抓，却又空空然然。娇羞的目光清澈如皎洁的月光，娇羞的潮红明艳如含露的花瓣，娇羞的语言含蓄委婉地传递女人的兰心蕙质。

　　娇羞的女人，美在含蓄，美在意境，美在精致，美在柔情，美在朦胧，美在善解人意，美在情在心中，美在心灵唯一，这样的美，是自然的美，是最最真实的心境美。这样朦胧的美丽，能牵扯着他的魂魄，让他日思夜想，惦记在心的中央。

第五章

蕙质兰心，知性
女子其光若玉

智慧是一件穿不破的衣裳

　　女人可以不美丽，但不能不智慧，智慧能重塑美丽，唯有智慧能使美丽长驻，能使美丽有质的内涵。

　　人的追求不完全来自外貌，它主要来自人的内在力量。漂亮自然值得庆幸，但并不代表有魅力、有气质。外貌漂亮的确是一种优势，但这个世界上那种天生尤物毕竟为数不多，大多数的芸芸众生都是相貌平平，这些相貌平平甚至有些丑陋的女人所表现的美，就是其内在的品德修养所散发的气质与智慧。

　　英国作家毛姆曾经说过："世界上没有丑女人，只有一些不懂得如何使自己看起来美丽的女人。"现代女性早已经学会在繁忙和悠闲中积极地生活，懂得如何读书学习，也懂得开发自身的潜能，从而使自己的女性魅力光芒四射。

　　女性的智慧之美甚过容颜，因为心智不衰，所以超越青春，智慧永驻。"石韫玉而山晖，水怀珠而川媚。"西晋人陆机这样评说智慧之美。

　　谚语云："智慧是穿不破的衣裳。"衣裳，自然是与风度美息息相关的。

　　所以，现代女性中注重培养自身风度者，在不断改善自身的意识结构和情感结构的同时，无不特别注重改善自身的智力结构；积极接受艺术熏陶，使自己的风度攫获浓重的智慧之光。

　　"智慧之美"的魅力，是拥有独立自主的意识状态和自尊自重的情感状态。智慧女性勇于接受来自各方面的挑战，善于从大自然与人类社会这两部书中采撷智慧，从而不再留有"男性附庸"的余味。

　　富于智慧的魅力，善于对日常应用的思维方式和行为方式进行艺术的提炼。例如，遇人遇事如何运用有效的思维方式，迅速采用最恰当的接待方式，以便使行为方式表现出稳重有序、落落大方的风度。

所以，这样的女人最具魅力：她们聪明慧黠、人情练达，超越了女孩儿子的天真稚嫩，也不同于女强人的咄咄逼人。她们在不经意间流露着柔美和知性魅力的同时，也对人群保持着一份若即若离的距离和冷漠。

很多男人在言语行文中流露出一种对知性女人心驰神往却又可望而不可即的无奈与惆怅，在他们眼中，这种女人人间难求，绝对不是俗物。事实上，"知性女人"同样是食人间烟火的俗人，她们同样离不了油盐酱醋茶，同样要相夫教子。因为只有大俗方能大雅，只有这样才是完美女人。

知性女人的优雅举止令人赏心悦目，她们待人接物落落大方；她们时尚、得体、懂得尊重别人，同时也爱惜自己。知性女人的女性魅力和她的处事能力一样令人刮目相看。

灵性是女性的智慧，是包含着理性的感性。它是和肉体相融合的精神，是荡漾在意识与无意识间的直觉。灵性的女人有那种单纯的深刻，令人感受到无穷无尽的韵味与极致魅力。

弹性是性格的张力，有弹性的女人收放自如、性格柔韧。她非常聪明，既善解人意又善于妥协，同时善于在妥协中巧妙地坚持到底。她不固执己见，但自有一种非同一般的主见。

智慧女性不必有闭月羞花、沉鱼落雁的容貌，但她必须有优雅的举止和精致的生活。

智慧女性不必有魔鬼身材、轻盈体态，但她一定要重视健康、珍爱生活。

智慧女性因为经历过人生的风风雨雨，因而更加懂得包容与期待。

智慧女性内在的气质是灵性与弹性的完美统一。

读书的女人永远美丽

世界有十分美丽，但如果没有女人，将失掉七分色彩；女人有十分美丽，但如果远离书籍，将失掉七分内蕴。

有人说："书，是女人最好的饰品。"因此，无论有多少个理由，作为一个现代女性，一个期待精彩人生的女性，书是一定要看的，而且是看得越多越好。因为书会使你从骨子里提升品位，教你如何做一个知识女人。

不用教，女人天生懂得爱美，热衷打扮，尤其在现在，铺天盖地的女士用品，各种各样的美容整形手术，令女人可以从头到脚对自己逐一武装。

其实女人不知道，有一秘方可使女人获得永远的美丽，这味药不是水剂不是糖丸，而是我们随处可见的书籍。

没错，书籍是人类的精神财富，书籍更是女人的最佳美容品。读书带给女人思考；读书带给女人智慧；读书会使女人空荡荡的漂亮大眼睛里变得层次丰富、色彩缤纷；读书教会女人在笑的时候笑，在忧伤的时候忧伤；读书还使女人明白自身的价值、家庭的含义，明白女人真正的美丽在哪里。

"读史使人明智，读诗使人灵秀，数学使人周密，自然哲学使人精邃，伦理学使人庄重，逻辑修辞学使人善辩。"培根在《随笔录·论读书》中写出了读书的益处。著名学者王国维曾借用三句宋词概括了治学的三种境界：第一境界，"昨夜西风凋碧树，独上高楼，望尽天涯路"；第二境界，"衣带渐宽终不悔，为伊消得人憔悴"；第三境界，"众里寻他千百度，蓦然回首，那人却在灯火阑珊处"。由此可见，读书学习只有甘于寂寞、不怕孤独、日积月累、持之以恒，才能到达"灯火阑珊"的境界。

喜欢读书的女人内心是一幅内涵丰富的画，文字可以书写性情、陶冶情操。喜欢读书的女人常常是有修养、有素质的女人。一个女人最吸引人的地方就在于因她丰富的内心世界从而表露出来的优雅气质。"书中自有黄金屋，书中自有颜如玉"。岁月的流逝可以带走姣好的容颜，却无法带走女人越来越美丽和优雅的心灵。书籍，是女人永不过时的生命保鲜剂。

读书的女人是美丽的，"腹有诗书气自华"。书一本一本被女人读完的时候，书中的内容便化成了营养从身体里面滋润着女人，由此女人的面貌开始焕发出迷人的光彩，那光彩优雅而绝不显山露水，那光彩经得起时间的冲刷，经得起岁月的腐蚀，更加经得起人们一次次地细读。正因为如此，你将不再畏惧年龄，不会因为几丝小小的皱纹而苦恼。因为你已经拥有了一颗属于自己的智慧心灵，有自己丰富的情感体验，你生活中的点点滴滴将会书香四溢。

在社会生活中，女性的生存空间比男性的狭小，所以女性更需要博览群书，以放眼世界。而且在广泛阅读的同时，还要善于思考，不盲从也不偏执，这样才能培养一颗丰富和广博的心灵。

另外，读书时不要把范围局限在某一类。男人能看的书，女人都应该看，文学、军事、政治、传记、历史，等等。

因为，书是改变一个人最有效的力量之一。书是使人类从蛮荒到启蒙的捷径，书还是女人修炼魅力之路上最值得信赖的伙伴。

做一个爱读书的女人吧，读书的女人才能永远美丽。

智慧女人的必读书

总会有一些经典书目历久弥香，有些书是优质女人不得不读的珍宝，这些优秀的书籍就像是最好的朋友、最好的老师。在浮华的世界中，打开它们，投入多彩的书中世界，你的心灵将得到最大的滋养。

智慧的女人爱书，爱书的女人更智慧。

一本好书往往能够给予一个人最初的人生启蒙甚至终生的影响，尤其是那些经典名著，比如《简·爱》《围城》《飘》《红楼梦》，对女性的影响都比较大。

1.《简·爱》

这是一部以爱情为主题的小说，女主人公简·爱是一个生活在社会底层，受尽磨难却不甘忍受社会压迫、勇于追求个人幸福的女性。她那倔强的性格和勇于追求平等幸福的精神很值得现代女性学习。

简·爱认为爱情应该建立在精神平等的基础上，而不应取决于社会地位、财富和外貌，只有男女双方彼此真正相爱，才能得到真正的幸福，她的爱情观体现了她的倔强性格。在追求个人幸福时，她表现出一往无前的勇气。她并没有因为自己卑贱的家庭教师身份而放弃对幸福的追求。

简·爱以对爱情执着追求的精神为现代女性树立了良好的榜样。有人说，爱人者是强者。为了追求自己的幸福，现代女性应好好阅读《简·爱》这部世界名著，做一个爱情的强者。

2.《围城》

《围城》这部书的精彩之处便是描绘了中国男人的劣根性，帮女性打破这男性世界中种种不切实际的幻想。而集劣根性之大成者，首推男主人公方鸿渐。

方鸿渐本性善良，可他最大的缺点就是优柔寡断、毫无原则。时至今日，男人优柔寡断、毫无原则仍是其致命伤。所以女读者一定要留心观察自己的男友是否是"张鸿渐"或"李鸿渐"，若不是，那当然是件好事，若是，感情深的就要慢慢地帮他改，并且要有长期抗战的准备；感情浅的则甩他没商量。

其他诸如赵辛楣、李梅亭、高校长之流，生活中也不是没有,对这类男人最好明哲保身。倒是几个女孩儿子很有特点:苏文纨虽不可爱,但用现代人的眼光看,她却是个女强人;唐晓芙虽可爱,但遗憾的是她看不上方鸿渐这种男人;孙柔嘉没有可爱之处,心机深沉,对男人多个心眼儿并没什么错。

3. 《飘》

《飘》的女主人公也是一位坚强、具有执着精神的女性,所以这部名著也是女性应该读的。在这部书里,作者玛格丽特·米切尔会教你如何做一个成功的女人。这里没有中美差异,郝思嘉能够做到的,你也能够做到。坚强、独立、积极,是现代女性的必备素质。即使你没有郝思嘉那般美丽动人,也千万不要自卑,你也有追求美好的权利,同样可以使自己变得风情万种。像郝思嘉不能真正拥有白瑞德那样,如果你不能得到自己深爱的男人,不要紧,你还可以爱自己。

现代女性要学习的是郝思嘉那种坚强风范,永不放弃,敢于直面现实,与残酷的现实抗争。从某种意义上说,这个世界是由男人控制的,而女性要想在这个世界中做个坚强、成功的女人,就更应该好好读一读《飘》。

4. 《红楼梦》

一个女人如果没读过《红楼梦》的话,简直不可思议。理由很简单,只有看过《红楼梦》,才会明白原来女人是如此哀婉动人,如此仪态万千,如此楚楚可怜,如此冰雪聪明……作者曹雪芹会告诉你什么样的女人才是真正的女人。

豪迈如史湘云,也有醉卧芍药的娇憨;聪慧如薛宝钗,也有花间扑蝶的稚气;也唯有幽怨如林黛玉,才有掩埋落花的闲情。《红楼梦》让读者真正看到女人的精彩,领略什么是水做的女人的深刻含义。即使势利狠毒如王熙凤,她的善于交际、果断坚决、处变不惊,还是值得今天的女性学习的。

必须提醒大家的是:别模仿林黛玉的尖酸刻薄,尤其在你一无才情、二无美貌的情况下;千万别学贾惜春,懦弱无力,一走了之，要做个有胆识的女人；更不要学尤三姐，为柳湘莲抹了脖子，这个世界上好男人多的是，丢了爱情，天也塌不下来，也许一个更出众的男人正在不远处等着你呢。

一个有品位、有格调的女人除了要读这四部名著以外，还必须阅读一些对现代人影响深刻的特殊书籍。

这里还罗列出一些格调女人必读的书籍，在你有时间时拿来读读，会对你有很大帮助的。

（1）《第二性——女人》（西蒙·波娃）——有史以来讨论女人的最健全、最理智、最充满智慧的书。

（2）《情人》《广岛之恋》（玛格丽特·杜拉斯）——这两本书将向你展现出女人爱做梦的本性，以至于达到不顾一切的疯狂地步。

（3）《流动的圣诞节》（海明威）——通过此书，你就会知道为什么小资女人们大多都向往巴黎的生活。

（4）《史努比黄金五十年》（舒尔茨）——这本书会向你传授现代女性对残酷的成人世界表示抗拒和不适的最好方式。

（5）《喜宝》（亦舒）——这本书将让你知道，再美丽、聪明、练达的女子也逃不过命运的潮起潮落，每个人都要好好把握现在。

容颜会衰退，但智慧不会老去

女人的美貌会随着岁月的流逝而消逝，但智慧是永存的。聪明机智的头脑和学而不倦的热情，才是女人真正的无价之宝。

女人的美有两种，一种是外在的形貌美，一种是内在的心灵美。

外在美的女人是自身美的凝聚和显现，它既能给自身以极大的心理满足和心理享受，又能给他人以视觉上的美感，使人

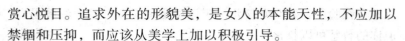

赏心悦目。追求外在的形貌美,是女人的本能天性,不应加以禁锢和压抑,而应该从美学上加以积极引导。

内在的心灵美可以给人留下难以磨灭的印象,能引起人内心深处的感动,打下深刻的烙印。内在美操纵、驾驭着外在美,是女人美丽的源泉。正因为有了内在美的存在,女人才能真正成为完美的女人,才能让人产生由衷的美感。所以说,女人的内在美比外在美更具有无可比拟的深度与广度。

林清玄在《生命的化妆》一文中说女人化妆有三层。其中第二层的化妆是改变本质,让一个女人改变生活方式——睡眠充足、注意运动和营养、多读书、多欣赏艺术作品、多思考,这可以让女人对生活保持乐观的心态。因为独特的气质与修养才是女人永远美丽的根本所在。

才女林徽因晚年虽然饱受病痛折磨,形容憔悴,但她由于饱读诗书而造就的那种清灵超逸的气质却打动了无数的人。直到今天,我们依然将对她的回忆定格在她那张灵秀的笑脸上,并由此充溢着对唯美的憧憬。

张爱玲并非绝世美人,但她那弥漫着旧上海阴郁风情的文章以及她本人非同寻常的爱情故事,却使当代人对她的回忆像一坛藏了多年的酒,越品越香醇。李碧华评价她说:"文坛寂寞得恐怖,只出一位这样的女子。"

而现在,由于无处不在的媒体和广告铺天盖地的宣传,很多女孩儿远离书房,过分注重外表的修饰和打扮,浮躁肤浅的心态扭曲了她们对美的诠释。即便是一夜成名,也会像昙花一现,用不了多久便花容渐逝,留给人们的只是一个模糊的影子,彻底消逝在别人的回忆中。

由此可见,注重内在的知识、智慧的修养对女人来说是至关重要的。美丽需要长年累月的培植。相由心生,女人的容颜和气质最终是靠内心滋养的。俗话说:"30岁前的相貌是天生的,30岁后的相貌要靠后天培养的。"你所经历的一切,将一点点地写在脸上。聪明女孩儿，应该尽量多吸取智慧，红颜易逝，但你的智慧可以长存。

不要以为年轻貌美就是你的资本

聪明女孩儿，要想过上好日子，唯有靠自己的努力，让自己成为一个有实力的人。因为只有一个聪明的女人，才有可能在事业上闯出一片天；只有有实力的女人，才有能力让自己过上理想的生活。

美国一家大型网站的金融版上总有一些有趣的帖子。有一天，一个年轻貌美的美国姑娘就在上面发了一个询问帖子，主题是"我怎样才能嫁一个有钱人"，内容如下：

我今年25岁，很漂亮，谈吐优雅，有品位，想嫁给一个年薪50万美元的人。你们也许会觉得我贪心不足，可是，对于你们这个年收入100万美元才算中等的富豪阶层来说，我这个条件并不过分。

这个版上有年薪超过50万的吗？你们有单身的吗？我想请教一个问题：怎样才能嫁给有钱人。我曾经跟人约会过，可是最有钱的也只有年薪25万美元。要想住进纽约市中心的豪华区，这个数字远远不够，所以我诚心来咨询几个问题，希望有好心人能够如实地回答我。

1. 有钱的单身汉一般都会在哪里打发闲下来的时间？

2. 我把目标定在哪一个年龄层比较好？

3. 为什么富豪的妻子都长得相貌平平？我看过一些富豪太太，她们长得并不好看，更没有什么吸引人的地方，可是她们凭什么能够嫁入豪门？

4. 富豪们是怎么决定谁能做自己的女朋友，谁能做自己的妻子的？

备注：我是带着结婚的目的来发帖的，希望大家不要以为我只是在开玩笑。

——波尔斯小姐

这个帖子引起了很多人的关注，甚至有一些富豪也开始背地里讨论。一个华尔街的金融家明确地给予了回复：

亲爱的波尔斯小姐：

你的帖子引起了我的极大兴趣，相信很多女性也跟你一样，存在这样的疑问。现在，就让我以一个投资家的身份来回答你的问题吧。我的年薪超过50万美元，所以请你相信我不是在浪费你的时间。

从一个生意人的角度来看，跟你结婚是一个很糟糕的决策，理由如下：你所说的婚姻是在"财"和"貌"的交易前提下发生的。甲方提供给乙方漂亮的外表，乙方提供给甲方富裕安定的生活，看似很公平，谁也没有损失，可是，这里有一个致命的问题，你的美貌会消逝，而我的钱财却不会无缘无故地缺少。而且，事实上，你可能会因为年纪的关系一年比一年不漂亮，可是我却有可能通过努力一年比一年有钱。因此从经济学的角度来讲，你是贬值产品，而我是增值产品，两者的交换并不是等价的。再过5年甚至10年，当你的美貌消失，那么你的价值很令人担心。

在华尔街，产品一旦价值下跌就要立即抛售，而不宜长期持有，也就是说你要的婚姻是不可能成立的。如果人们有这个需求，可以去租赁，但是不会购买。年薪超过50万的人可不是傻瓜，他们只会选择跟你交往，而不会跟你结婚。

希望我的回答能够让你满意，顺便说一句，如果你对"租赁"有兴趣，可以跟我联系。

——罗波·坎贝尔（J.P. 摩根银行多种产业投资顾问）

这两个帖子的内容堪称经典。这个男人冷静地回答了姑娘的问题，也很全面地分析了男人的心理。很多女人想嫁给有钱人，在这一方面，年轻的女孩儿表现得尤其强烈。她们对爱情抱有虚荣的想象，希望通过婚姻实现自己理想的生活，让自己的后半生无忧无虑，所以嫁给一个"钻石王老五"，是很多年轻女孩儿的梦想。

有一些觉得自己有几分姿色的年轻女孩儿，把"年轻"和"美貌"作为资本，觉得自己的条件并不差，可是，男人并不觉得那是你的本钱。因为他们很清楚，女孩儿的年轻是留不住的，美貌不可能永远跟随一个女人。所以，"年轻"和"美貌"都不是你的长期资本。

精品女人的三个"本"——姿本、知本、资本

姿本、知本、资本，这就是成就精品女人的三个本，倘若做到了这三方面，那么，你一定是一个成功而幸福的女人！

女人都想摇身一变成为精品女人，如何修炼自己才能成为精品女人呢？有人总结了精品女人的三个"本"。

第一个"本"是姿本

不知在何时，我们悄然进入了"姿"本主义时代，虽然我不认同把姿色排在第一位，但不可否认的是，如今这个社会以貌取人的现象还是很严重的。其实也可以理解，"爱美之心人皆有之"，我们都喜欢美的东西，无论是男人还是女人。

以貌取人是不对的。但是，实际交往中，我们还是不由自主地倾向于长相好的人，或者说得更具体深入一点儿就是形象好的人往往大受欢迎。

犹太人里有这样的教诲：人在自己的故乡所受的待遇视风度而定，在别的城市则视服饰而定。这是说，一个人的评价在故乡并不受衣着的影响，因为人们了解他的言行。但一个人如

果到了他乡，人们要评价他就得看他的外貌特征、衣饰装束和言谈举止了。可实际上，即使是在自己的故乡，即使你再学富五车，衣衫褴褛的形象也绝对不会博取人们的好感。

张静，因为缺乏"姿本"，在职场沉浮数次，仍没有找到一份满意的工作。迫于生计，她决定通过整容来获取更多的"姿"本，美容院帮她实现了从"丑"到"美"的跨越式发展。有了"姿"本的张静再次求职，很快就开启了美丽人生。

好在我们生活在这样一个张扬的时代，美的定义早已多样化，无论你是否天生丽质，都可以把自己打扮得很优雅，所以"没有丑女人，只有懒女人"。多花一点儿时间保养自己，尽量多地留住青春，是我们每个女性的当务之急！当然光阴是有限的，我们还得去争取另外两个"本"！

第二个"本"指的是知本

这是三个"本"中唯一一个只要肯努力就可以得来的东西，而且大家非常认同这样一个观点——学习是一件终身的事情！上学期间大家读的书都差不多，离开学校之后其实才是真正分出高下的时候。有的人大学毕业后一年都不看一本书，吃的都是以前的老本，总有一天会山穷水尽。而我们一直敬佩那些拥有良好读书习惯的人，不论何时何地，读书都是他们一直坚持的事，于是，他们就变成了知识渊博的人，他们的人生也更为丰富！

读书以外，知本还包括其他的技能，在生活和工作中游刃有余的女人，一定是那些掌握了很多技能和经验的女人，才能在人群中脱颖而出。

吴君如并没有惊艳的美貌，但她的演艺事业长盛不衰，这与她勤奋、敬业、积极学习的态度是绝对分不开的。和同辈女星比较，吴君如似乎花了更长时间才找到属于自己的定位，入行时的运气也好像不是那么顺利。当时正是新艺城带动的喜剧热潮，加上自己外形的限制，吴君如常常得扮演电影里头被消遣挖苦的角色，如果说周星驰的片子经常丑化女星，那吴君如可要算是第一代的扮丑女艺人。

不管是艳星、玉女，都显示了以男性视角出发，由男人的眼光来决定的女人在影坛乃至社会应该或可以扮演的角色。而扮丑却可以挣脱"花瓶"之嫌，锻炼演技，加强自己表现力的厚度和深度。幽默十足的角色更能与观众沟通，拉近了银幕上的距离。当同辈女星都能以美艳动人的姿态出现在银幕上，而自己被调侃时，我们可以想象吴君如内心曾经承受的压力和经历的挣扎。不过她却毅然接受安排，豁达开怀地扮演了大家心目中不美的角色，精湛的演出，同样让观众接受了她。

2003 年，吴君如凭借"金鸡"摘得金马影后的桂冠，再次证明了她的选择是正确的。"金鸡"是一部笑中有泪的香港奋斗史，用幽默搞笑的情节表达厚重的内涵，引起了无数人强烈的共鸣。

第三个"本"则是资本

都说新世纪的新女性要独立，而独立女性的第一条标准就是经济要独立。

以前听朋友说过，20 岁的女人要漂亮；30 岁的女人要聪明；40 岁的女人要有钱，这样才比较理想！其实，无论哪个年龄，只要你的钱财是通过自己的努力得来的，那当然是多多益善，就像俗语说的，"谁有都不如自己有"，唯有自己的腰包足了，心里才更踏实！所以，挣钱要趁年轻。

很多女人寄希望于寻找一张"长期饭票"，把自己的一生都依附于男人的身上，乍看之下不失为一劳永逸的方法。但是寻找长期饭票也要承担风险，不仅要考虑饭票的"有效期限"，还要承担靠外表拴住男人的"折旧"风险。当婚姻破碎时，金钱纠纷很容易使男女双方恶语相向，而受害的一方，往往就是没有经济能力的女性。女人有钱，不只是为了追求享乐，而是要确立为自己做主的权利。

书中自有颜如玉

一个女人，在读过足够的好书之后，她会变得很优秀，因为书给了她底气，熏陶了她至真、至美、至纯的情感，使她变得温文娴雅、善解人意，充满书卷气息。这就是所谓的"腹有诗书气自华"。

一个正在读书的女人，能给人以无限的美感。因为读书会使她产生一种情调，一种超越了形体的持久的妆容，一种不会被衰老所剥夺的美丽。读书为女人的美丽增添了厚重的文化底蕴和质感。这种美丽乃是女人灵魂之美。灵魂之美远远高于一副无可挑剔的好容貌。没有了灵魂的空间，没有了思想的闪现，无可挑剔的容貌也是黯淡的。或许美化灵魂有不少途径，但正如一位女作家所说，阅读是其中易走的、不昂贵的、不需求他人相助的捷径。

爱读书的女人，不管走到哪里都是一道风景。也许她貌不惊人，但她的美丽却是骨子里透出来的，她谈吐不俗，仪态大方。那是静的凝重，动的优雅；是坐的端庄，行的洒脱；是天然的质朴与含蓄的交融。爱读书的女人，她的美，不是鲜花，不是美酒，她只是一杯散发着幽幽香气的淡淡清茶。

爱读书的女人，她们心有琴弦，纵然是独自漫步，也并不寂寞与孤单。

爱读书的女人，她们生活情趣高尚，很少去叹息、忧郁或无望地孤独、惆怅。因为她们懂得与其长吁短叹，不如把时间和精力用来读书，使自己从忧郁的境遇中解脱出来。

爱读书的女人，她们拥有从容的心态，能保持年轻的心境，从而对于年华的逝去无所畏惧。不埋怨环境，也不艳羡别人，让心情一天比一天愉快年轻。

爱读书的女人，她们以聪慧的心、博大的爱、善解人意的修养，将美丽写在心灵上。读书，使她们更潇洒；读书，为她们添风韵。即使不施脂粉，她们也显得神采奕奕、风度翩翩。

毕淑敏一生酷爱读书。上中学时，恰逢"文革"，到学校借书，老师要求用一篇大批判稿交换。毕淑敏巧妙地将大段美好的文字抄在大批判稿里，然后再扣一顶"人道主义"的帽子，尽量挑最轻的字眼来批判。以这种方式她读完了托尔斯泰的《战争与和平》等许多名著。那时候，女生宿舍的人全靠毕淑敏一个人以写批判稿换书看，毕淑敏等不及传来传去的慢速度，就把自己先看完的部分讲给女伴们听，每到晚上熄灯以后，听毕淑敏讲故事成了文化匮乏时期这些少女最大的精神享受。多年以后，毕淑敏的一位闺友从国外学成归来，大家聚会的时候，又回忆起美好的少女时代，她依然记得毕淑敏当年讲过的《笑面人》的片断。

16岁时，毕淑敏开始在苍凉的西藏阿里高原某部当卫生员，晚上值班，一守就是一夜。每当轮到她值班，她都事先把照明用的那一盏马灯灌满油，天亮了，油也点完了。司务长好生奇怪："你把油干吗使了？是不是把油都喝了？"其实，她是就着马灯暗淡的光读书。《鲁迅全集》就是在那盏马灯陪伴下读完的。转业回北京时，毕淑敏摩挲着那盏马灯不忍分离。《红处方》是毕淑敏的第一部长篇小说。为了更好地表达毒品与人性的主题，在1993至1994年，毕淑敏阅读了大量关于药理学、植物学、国外黑帮贩毒集团写实作品的书籍。有一位朋友给她借来一本《中国吸毒史》，她一看，里面写到的她都读过了，这时，她才感到可以动笔了。

读书让毕淑敏成为了一名成功的作家，读书更将她打造为一个拥有丰富内涵的知性女子。

　　爱读书的女人是善于思考的人，有思想的人，因为读书能使人变得睿智与坦荡。

　　读书能使人修德养性、智慧无穷、目光远大、美化心灵。人生在世，吃山珍海味是一种享受，读一些振聋发聩的书更是一种享受，前者只能饱一时的口福，后者会让你终生受益。读书可健脑去病。读书就好像服用"超级维生素"，可以使大脑甚至身体重新充满活力。

　　读书，可以让你的心里有一盏明灯，守得住心灵这个宁静的港湾，始终视书籍为精神的伴侣，身居闹市，却能远离红尘的烦琐与喧嚣。

　　读书，可以让你没有时间唠叨饶舌，没有时间拨弄是非，不会像别的女人那样日渐粗俗。

　　读书，可以让你交上一群高尚的朋友。正如毕淑敏所说："好书对于女人，是她们招之即来的永远不倦的朋友。"

　　读书的用脑强度可恰到好处地增加脑血流量。正所谓"唯书有真乐，意味久犹在"。

　　读书可以美化形象。经过长期的读书熏陶，身上便有股书卷味，不讨人嫌，那是读书的惠泽。现代人越发热衷于美容了，各种美容手段花样迭出，但所有的美容手段中，读书是最佳之道。余秋雨这样说过："读书可以使自己成为一个健全的人、可爱的人、健康的人。"

　　做个爱读书的女人吧，把读书作为你终生的功课，你就能够把生活读成诗，把人生读成散文，你就能够拥有世上最好的化妆品，把美丽写入心灵！

只有 reader 才能成为 leader

不要以为"知识就是力量"是一句无聊的口号，对于女人来说，知识的确是一种力量，它可以提升女人的内在气质，让她更具魅力。

可是，在经济时代里，越来越多的女性对知识的作用产生了质疑。生活中，我们经常看到学历高的人或者是书念得不差的人，一旦在生活或工作上出了差错，就会被骂"书念得那么多有什么用"。

小惠自认是生活白痴，念那么多年的书对她做家事、煮饭、洗衣服，讨好别人、和社会上的人耍心机、交男朋友、写求职信、面试、玩股票、看外汇等，真的是一点儿用也没有。尤其是念了一个不用看外文书的科系，对她增进英文能力更是一点儿用也没有。甚至有一位长辈还当面告诉她："从现在开始，你两个月都不要看任何书，连报纸都不要去看，越看越笨！"小惠那时也觉得很有道理，因为想那些抽象的事情只会让自己的思考打结。

生活中，这样的人大有人在，甚至有人认为学那么难的数学做什么？做生意的时候会加减乘除就够了。大学毕业生的薪水有时却比不上一个高职生或初中生，摆路边摊都比在银行上班收入不知道要多多少，听来真令人沮丧。

不过，如果你还有这种想法，我们会替你感到害怕。千万不要忽视知识的力量。你知道近代各国开始解放女性、提倡女权的第一步行动是什么吗？就是让妇女接受教育。因为只有接受教育才能使妇女们眼界大开、有更明朗的思辨能力，才会自动自发地为自己争取应有的地位和权利，而不是"只要听男人的就对了"。否则光是靠一两个女性从早到晚叫着女权，根本起不了作用。

真要严格说起来，把一些知识从书本上塞进脑子里，其实也没什么用，因为你可能一辈子都不会玩政治，也遇不上革命，所以政治学对你只是一堆斗争符号；你打定主意不从商，学会计做什么；你又不写作，看文学的东西浪费时间；过去的都过去了，读历史又有什么用？但是，这个世界到底是怎么一回事，未来又将如何，也只有知识和你自己的思考可以让你知道。

有一家公司专门教导企业如何赚钱，它集合了各个领域的精英，为客户分析市场、方向、行销手法、做出全盘计划，足以让一个濒临破产的企业或公司复活，它的名字叫作"麦肯锡"，它卖的是知识。近年来产生了不少所谓的"科技新贵"，他们每个人几乎都可以坐拥数千万而退休，他们卖的也是知识。

你一定有这样的经历，被电脑欺负，呼天天不应，最后只能乖乖送修。到了专修店，"专业人员"建议换掉这个、换掉那个，买了一堆东西，你不知道那些东西的功能和合理价位，最后还付了一大笔修缮费用。

当你的知识越少，遇到类似的"冤大头"事件就会越多。尤其在这个专业时代，每个人都在一个专业内竞争，除此之外，也不放弃追求新知和其他领域的东西。虽然人的能力有限，不可能面面俱到，但是，一定比你一无所知的情况要好，起码在你懂的范围内，别人动摇不了你。

女人不要老是说，嫁个好老公就好了，让他去烦生计、交通、房子、经济的事情，你当个少奶奶就对了。我们倒要建议你，结婚之前，起码去请教律师或看一下法律条文中的婚姻财产制，因为结了婚并不代表不会离婚。当然，就像其他知识一样，你可能不会离婚也用不到，那真的万分恭喜。但是，如果这件事不是上帝亲自保证的话，你还是得未雨绸缪，免得最后心痛之外，生活还"无依无靠"。

有一位吸引过很多优秀男人的女性朋友，有人好奇地问她，是如何吸引住这些男人的？她说"要多看书"，人们当场傻眼。"不要让他们觉得你只是一个花瓶，这样他们带你出去才会觉得有面子。"以美貌就能俘虏男人的时代已经过去了，现在的男人品位更高了。

我们还常说，要找个可以依靠的男人。但是，这只是说我们找的对象要有责任感，但并不表示找到了，我们马上就要退化成无能的小孩子，再也不求上进，也不管生活所需的基本知识。毕竟，靠山山倒，靠人人倒。对于那些汽车修理啊、电脑啊、水电啊等东西，你当然可以堂而皇之地丢给男人处理，你可以不用活得非常辛苦，但是不能一无所知。

女人一定要记住，知识就是力量，而最能获取知识的媒介就是书籍，从现在开始，多看书，多吸纳新知识，只要持之以恒，你就会看到自己的提高。

第六章

心若琉璃,做一道
温暖人心的阳光

好命女人都有好心肠

一个心地善良的人，必是一个心灵富足的人，同时，其善良的举动也会带给他人内心的感动和震撼。有时，善良的表现还会给自己带来意想不到的回报。

曾经，无论是家长还是老师，教育女人都说，心地善良最重要。

如今，有些年轻女人的口头禅是"人不为己，天诛地灭"。

无论曾经还是现在，童话故事中总有这样的结尾："从此，王子和公主过上了幸福的生活。"

无论曾经还是现在，每个女人都喜欢这样的结局，可是不要忘了，王子用来区分真假公主的唯一标志是：一颗善心。

佛家常说，放下屠刀，立地成佛。人生在世，谁都会犯错，有人甚至一错再错，陷入迷途而永不回头。但，只要心底深处的善、良知尚未完全泯灭，他的灵魂最终可以回归。

善良，是一种温馨的力量，它聚集人气，使你成为最受欢迎的人。一个人除非有助于他人，除非充满了喜悦与快乐，除非养成对人人怀着善意的习惯，对人人抱着亲爱友善的态度，并从中得到喜悦与快乐，否则他就不能称得上成功，也不能称得上幸福。

一个贫穷的小男孩儿饥饿难耐，他决定向一户人家讨口饭吃。开门的是一位美丽的少女，男孩儿不知所措了，他没有要饭，只乞求给他一口水喝。女孩儿看了看他，拿了一大杯牛奶出来。男孩儿喝完牛奶后问："我应该付多少钱？"女孩儿微笑说："什么也不用。"男孩儿怀着感恩的心走了，善良的女孩儿激起了他心中的斗志，他本来打算退学的，但此时放弃了这个念头。

数年之后,女人得了一种罕见的重病,被转到大城市医治,由专家会诊治疗。当年的那个小男孩儿如今已是大名鼎鼎的霍华德·凯利医生,他也参与了医治方案的制定,并且从病人病历资料上认出了她就是当年的善良女孩儿。从那天起,他就特别地关照这个病人。经过努力,手术成功了。凯利医生要求把医药费通知单送到他那里,在通知单上,他签了字。

当医药费通知单送到女人手中时,她不敢看,因为她知道治病的费用将会花去她的全部家当。当她鼓起勇气翻开时,她看到了这样一句话:"医药费——一满杯牛奶。霍华德·凯利医生。"

爱心没有早晚。拥有它的女人,既赠予他人幸福,又让自己的生命从容而无悔。古人说,朝闻道,夕死可矣。同样,播种爱与善的种子,任何时候都不算太晚。

多一份付出,使你更深层次地感悟:什么是人生?多一份付出,能够使你确信你正在做正确而且有益的事情,使你更能对自己的良知负责并且给你信心。多一份付出,还在于它能使你强化自己的能力,并且追求更高质量的生活。

那些真正好命的女人,都有一副好心肠。

若要世人爱你,你当先爱世人

爱的力量是相互的,要获得他人的喜爱,首先必须要真诚地喜欢他人。这种喜欢必须是发自内心的,而非另有所图。

一个女人如果只关心自己,她很难成为一个被人喜欢的人。要成为令人敬重的人,必须将你的注意力从自己的身上转到别人身上去。哲学家威廉·詹姆斯说:"人性中最强烈的欲望便是希望得到他人的敬慕。"如果你只是过度地关心你自己,就没有时间及精力去关心别人。别人想获得你的关心,却无法从你这里得到，当然也不会去注意你。

一个女人希望被别人喜欢、敬重，必须先学会关爱别人，真正地去关心别人、爱别人，激励他们展现最好的一面。那样，别人也会加倍地关心你、爱护你。

最好的朋友是能将你内心中最好的潜质引导出来的人。如果你帮助他，使他达到他内心中所期望的境界，你当然可以赢得他的敬重和信赖。如果在一个艰难的处境中，你能对一个人表现出你的理解和耐心，那么，他也同样会对你非常敬重。

你的行动和语言一样能表明思想，有时甚至比你的语言更明白、更直接。

如何让他人爱你呢？你可以尝试以下几种方法：

（1）记住对方的名字。熟记对方的名字可使对方对你产生深刻的印象。这是因为姓名对于个人而言，可以说是最具代表性的。

（2）尽量使自己成为一个随和的人。总之，你必须是一位态度轻松自然、毫不做作的人。

（3）为避免发怒生气，训练自己面对任何事都能泰然处之，从容不迫。

（4）不自私。无论任何事情都不逞强或力求表现，而以自然的态度去应对。

（5）保持关心事物的态度。如此一来，人们会乐于与你交往，而受到关心的对方也会因你而得到鼓励。

（6）尽量除去个性中不拘小节之处，即使是在无意中产生的。

（7）努力化解心中的抱怨。

（8）试着喜欢每一个人。尤其不要忘记威鲁洛加斯所言"我从未遇过讨厌的人"，并秉承这一信念努力实行。

（9）对于友人的成功发展不要忘记表示祝贺之意。同样地，在友人悲伤失意时，也要致以同情之意。

（10）对于他人应有深刻的体验，以便对他人有所帮助。若能尽心尽力帮助他人，他人也会对你付出关怀与爱心。

只要你按照上面的规则行动起来，就会成为受欢迎的人了。如果你对他人真正有兴趣，经常关心他们，这无疑会增加你获得成功和幸福的几率，别人也会因此而喜欢你。

善良的女人持有幸福的通行证

女人有了善良才不会迷失方向，心胸才能宽阔，目光才会高远，才能够获得更多的信赖和人气。这种内在的气质修养比化妆品更能滋润你，让你的魅力光彩绽放一生。

在生活中，遇到困难的人，不管是你认识的还是不认识的，你都有义务伸出援助之手。只要还有能力帮助别人，就没有权利袖手旁观。休谟说："人类生活的最幸福的心灵气质是品德善良。"

每个人都应该在心中播种善良的种子：一个爱的字眼，有时能把人从痛苦的深渊中拯救出来，并且带给他们希望；一个微笑，有时能让人相信他还有活着的理由；一个关怀的举动，甚至可以救人一命……善良是一个女人的魅力和武器。众所周知，善良可以让一个女人获得无可替代的信任、无怨无求的帮助、暖人心扉的理解和同情。作为一个有魅力的女人，你对自己的各种要求里面，最首要的一条就是善良。

虽然男人喜欢的女人千差万别，但是善良是最基本的品质。没有一个人会喜欢凶恶狠毒的母夜叉，让自己陷入万劫不复的深渊。

一个冬天的晚上，詹姆斯的妻子不慎把皮包落在了一家医院里。詹姆斯焦急万分，连夜去找，因为皮包内装着10万美元和一份十分机密的市场信息。当詹姆斯赶到那家医院时，他一眼就注意到，一个冻得瑟瑟发抖的瘦弱女孩儿靠着墙根蹲在走廊里，在她怀中紧紧抱着的正是妻子丢失的那个皮包……

这个叫尤兰达的女孩儿，是来这家医院陪妈妈治病的。她们的钱已经用完了，这笔钱正好可解燃眉之急，但母女两人决定还是要还给失主，于是尤兰达就在走廊里等着了。

詹姆斯感激不已，主动提供了她们急需的帮助，并在尤兰达的母亲死后，主动收养了尤兰达。此后，尤兰达读完了大学，并协助詹姆斯料理商务。虽然詹姆斯一直没给她任何实际职务，但是，他的智慧和经验潜移默化地影响着她。她在长期的历练中，成了一个精明成熟的商业人才。詹姆斯到晚年时，很多商业决策都要征求尤兰达的意见。

詹姆斯临终之际，留下这样一份遗嘱："在我认识尤兰达母女之前我就已经很有钱了。可是，当我站在贫病交加却拾金不昧的母女面前时，我发现她们最富有。因为她们恪守着至高无上的人生准则，这正是我作为商人最缺少的，是她们让我领悟到了人生最大的资本是品行。我收养尤兰达既不是知恩图报，也不是出于同情，而是请了一个做人的楷模。有她在我的身边，生意场上我会时刻铭记，哪些该做、哪些不该做，什么钱该赚、什么钱不该赚。这就是我后来事业发达的根本原因。我死后，我的亿万资产全部留给尤兰达。这不是馈赠，而是为了我的事业能够更加兴旺。我深信，我聪明的儿子能够理解我的良苦用心。"

詹姆斯从国外回来的儿子，仔细看过父亲的遗嘱后，毫不犹豫地在财产继承协议书上签了字："我同意尤兰达继承父亲的全部资产，只请求尤兰达做我的夫人。"尤兰达看完富翁儿子的签字，略一沉吟，也提笔签了字："我接受先辈留下的全部财产——包括他的儿子。"

善良，是一种正面的力量，它总是很容易聚集人气，让周围的人都喜欢你。一个人，除非有助于人，感受到别人对他的需要，否则他就称不上成功，更称不上幸福。

善良娴静，诠释出无言的脱俗

与一个善良的女人相处，男人不仅无须戒备，而且会特别放松，时不时还会被她的美德善行所感动，除爱情之外，更对她有一份敬意。这样彼此敬爱交织、敬爱有加，便铸就了双方感情的铁打江山。

女人的美德，应首推善良的心灵。试想想，一个女人如果心胸狭窄、心地险恶的话，她的外形、声音再女性化，男人也不会长久地欣赏她的。即便开始他或许会迫不及待地追求她，但一旦认清她的"庐山真面目"，就会避而远之。

善良，主要体现在对弱者的同情和对处于困境者的支援。在大街上经常会看到一些女人，遇到乞丐，总会送上一元几角；看到行动不便的老人、残疾人，有需要时便上前搀扶一把。

善良的女人，不仅能够做到"己所不欲，勿施于人"，而且还会设身处地为对方着想。

有一位在广州工作并成家的男士，一次突然接到住在农村老家父母的信，信中说："家中房屋被洪水冲塌了，好在你及时寄钱来，现在房屋已重新建起来了。"接到这样一封信，他蒙了，因为他不知道家乡遭了灾，更没有寄过钱。一问妻子，她才说："是我接到的信，就汇款过去了，也忘了告诉你。"她的这一举动，使丈夫感动不已：有妻如此，夫复何求？于是，他在心中暗暗发誓：以后一定好好珍惜爱妻。

善良是魅力女人的底线。只要你有一颗善良的心，便会有夫妻关系的良性循环、家庭关系的良性循环、社会人际关系的良性循环，最终你自己也会获益良多，处于丈夫疼爱、子女敬爱、亲戚朋友关爱的融融乐境之中。这样的女人自然是幸福而富有魅力的。

与人为善会使自已快乐

如果想从人生中得到任何快乐，就不能只想到自己，而应为他人着想，因为快乐来自于你为别人，别人为你。

著名心理学家阿德勒对那些患有忧郁症的病人说："按照这个处方，保证你 14 天内就能治好忧郁症。每天想到一个你得努力使他开心的人。"

罗西博士已经在床上瘫痪二十多年了，在卡耐基先生去拜访她之前，猜想她一定过得很痛苦、颓废，然而，当第一眼看到罗西博士时，卡耐基就意识到自己当初的想法简直太可笑了，事实上，她现在每天都过得很开心，也很充实，尽管她依然不能下床。

一阵寒暄之后，卡耐基问罗西博士，是什么样的动力使她能够如此快乐地面对人生。罗西笑着对卡耐基说到："说实话，戴尔！如果你不是我最好的朋友，我真的没有时间和你在这里做长时间的交谈。你想知道我为什么会如此乐观和快乐？很简单，那就是与人为善，帮助别人。"

原来，罗西在瘫痪以后并没有对生活失去信心，也没有被忧虑所困扰。她在心里始终都默念着威尔斯王子的那句话："我应该为别人提供帮助。"她让朋友帮她搜集了很多很多残疾病人的姓名和地址，然后分别给他们写信，鼓励他们勇敢面对生活，快乐面对现实。

后来，罗西博士组织了一个残疾人俱乐部。在里面，大家经常互相写信，交流各自的感受。如今，这个残疾人俱乐部已经成为了一个国际性的组织，而罗西也是整个活动中最大的受益者，因为她得到了快乐。

幸福在于每个人是如何看待幸福。你是否每天都觉得生活是那样的枯燥乏味呢？你是否从生活中找不到一丝的乐趣呢？
或许我们每个人都应该向罗西博士学习，因为罗西博士的不幸
要大过许多人，可是她却从与人为善和帮助别人中得到了很大
的乐趣。

罗西博士和别人最大的区别就在于，她把与人为善，给予
别人快乐看成是一种最大的快乐。事实上，罗西博士的想法和
萧伯纳不谋而合。萧伯纳曾经说过："真正不快乐的人往往都是
那些以自我为中心的人，因为他们总是在抱怨世界不能按照他
的想法改变。"

劝说大家与人为善，并不是为了别人考虑，实际上恰恰是
为了自己的快乐考虑。人生活在社会中，没有朋友应该说是最
苦恼的一件事。然而，如果你能够与人为善，那么你就会为自
己赢得很多的朋友，同时也会使你体会到生活的真正乐趣。

曾经有一位名叫莱斯的女士给卡耐基写信。在信中，她向
卡耐基讲了一个发生在她自己身上的真实感人的故事。

莱斯女士的命运是很悲惨的，因为在她还是个孩子的时候，
父母就相继离开了她，她成了可怜的孤儿。后来，她被镇上的
一对好心的夫妇收养了，并说只要她能够做到不说谎，不去偷
窃，而且还能听话干活儿的话，那么她就可以一直留在这个
家里。

这三句话深深地印在莱斯的心里，并时刻告诫自己不管在
什么时候都必须遵守它。可是，一切并不像小莱斯想得那么简
单，尽管她已经非常努力地去做了，但她还是摘不掉"小孤儿"
的帽子。她开始上学后的第一个礼拜，情况简直是糟透了。班
上的很多小朋友都不愿意和她玩，而且还经常取笑她难看的眼
睛。更有一次，一个女孩儿居然把她头上的帽子抢了过去，用
水把它灌坏，而且还说之所以这么做是为了浇浇她的木头脑袋，
让她能够清醒一点儿。

许多人听到这儿的时候，或许都会和莱斯女士开玩笑，给

她出一些诸如"那你真应该和她们大吵一架"之类的馊主意。莱斯女士曾经也的确这样想过。可她总记得收养她的那位夫人对她说，"你不应该对别人怀有敌意，而是应该努力让你身边的每个人都能够成为你的朋友。如果你和大家友善地交往，并且主动向别人提供帮助，那么你将会成为很多人的朋友，而不再是小孤儿。"

莱斯女士真的那样做了。她开始帮助班上那些成绩差的同学，因为她的成绩是全班最好的。她帮助同学辅导功课，还帮他们写辩论稿。不光这样，莱斯女士还主动和身边的人交往，帮助邻居们砍柴、挤牛奶或是喂牲口。

后来，两位老人去世了，莱斯也到外地去上学。当她大学毕业后第一天到家的时候，居然有两百多位邻居过来看她，而且还有人是从 80 公里以外的地方赶来的。

卡耐基对莱斯女士说："你真快乐，莱斯！有那么多邻居发自真心的关心你，这让很多人羡慕不已。"莱斯十分自豪地说："是的，您说得很多。可是您不要忘记，这一切都是我自己争取来的。因为与人为善的是我，我给我的邻居们提供帮助，所以他们才会那么愿意和我做朋友。我真的很庆幸当初听了她的话，否则我不会像现在这么快乐。"

我们不禁为莱斯女士高呼"万岁"，因为她不仅知道该如何交朋友，更知道如何才能让自己快乐。可是，很多女士却并不像莱斯女士那样明智。她们不愿意给别人提供帮助，更不知道与别人友善交往的重要性。不过，这些女士也为自己的行为付出了代价，因为她们不是一个快乐的人。瞧，快乐是如此的难得，却又是如此的容易。

通常情况下，外在环境都不会因为我们的需要而发生改变，这样的情形只会出现在我们的想象中。而只要我们意识到了与人为善的真正意义，相信每个人都会想立刻就让自己做到这一点。

　　与人为善，这简短的四个字，却充满着无穷的魔力。它简单易行，短期的付出得到的是长久的回报——心灵的自足。但一定不要误把与人为善理解为同情和包容。实际上，与人为善是一种爱的表现，是一种高尚情操的表现。

　　萧伯纳有一次在大街上行走，突然间被一个骑自行车的年轻人撞倒在地。看得出，年轻人很慌张，因为他认识萧伯纳这位"声名显赫"的文学家。萧伯纳却幽默地和这位年轻人说："真不走运，本来你可以借这个机会出名的，只可惜你没有把我撞死。"年轻人不好意思地笑了，而刚才那种非常窘迫的表情也随之消失了。

　　如果萧伯纳不能对这名年轻人无意的过失宽容的话，那么他的形象一定会在公众心中大打折扣。

　　当你想要获得快乐的时候，那么你首先要做的就是使你身边的人快乐，因为爱是相互的，也是可以感染的。

　　怀恩女士曾经有一段时间真的很难过，整日都处于自怜和忧虑之中，因为她的丈夫已经离她而去。每当圣诞节要来临的时候，怀恩女士的心情都非常糟糕，因为这个节日使她更加思念和自己的丈夫在一起的日子，以至于后来她开始惧怕圣诞节。

　　这一年的圣诞节，怀恩女士怀着痛苦的心情漫无目的地在街上走着。渐渐地，她来到了一处离城镇很远的小教堂，这是她以前没有来过的地方。怀恩女士有些累了，她走进了教堂，坐在教友椅上欣赏着一位手风琴手演奏的《平安夜》。也许是太累了，怀恩女士慢慢地睡着了。

　　当她醒来时，眼前出现了两位小姑娘。可以看得出，这两位小姑娘的家境并不怎么好，因为她们身上的衣服已经很旧了。怀恩走过去，问她们两个为什么没有和父母一起来。这两个小女孩儿告诉她，她们是孤儿，父母早就双亡了。听了这两个小女孩儿的话，怀恩感到无比惭愧，因为和这两位小女孩儿比起来，自己简直是生活在天堂里。怀恩带着她们看了圣诞树，还给她们买了很多糖果、零食以及各种小礼物。

从那以后，怀恩再也没有忧虑和痛苦过，因为她体会到了真正的快乐和幸福。这次经历告诉她，如果想使自己开心快乐，那么首先要做的就是让别人开心。

关心别人就等于关心自己。如果你帮助其他人获得他们需要的东西，你也会因此而得到自己想要的东西，而且你帮助的人越多，你得到的也就越多。比自身生命更高贵的奉献动机，会带来真正的快乐。

不管你的生活多么单调，但你每天总是不可避免地与一些人交往。那么，你又是怎么对待他们的呢？举一个例子，当你从辛苦的邮差手上接过家人或是朋友寄给你的信或是照片的时候，你们是否会对邮差表示关心或问及他们的家人？很多人都不会这样做，因为她们并不认为杂货店售货员、擦鞋童或是送报生有什么重要性。可是实际上这些人和你一样，都是一个完完整整的人。他们同样有着美好的梦想和崇高的理想。他们也渴望成功，渴望得到别人的关心，渴望和别人一起分享。可惜，你没有给他们机会。不如马上改变自己吧，就从你明早看到的第一个人开始。

有人可能会问："我为什么要这样做？这样做对我来说有什么好处？难道真的这么容易就能够获得快乐的生活吗？"

亚里士多德把与人为善的处世方法称为"开化了的自私"。罗斯特也说过："没有人要求你必须对别人好，它称不上是一种责任。然而，这种做法却是一种享受，它可以让你变得健康，也可以使你变得快乐。"美国的富兰克林也曾经说过："如果你想对自己好，那么你就首先对别人好。"

女人如果想让自己从这一刻起就能收获健康快乐，不妨从这一刻起就做到与人为善。

用热情燃烧女人的美丽

热情之于女人,正如火焰之于凤凰,火焰让凤凰涅槃重生,热情之火锤炼着女人的灵魂,为其带来一次次新生。

成功学的创始人拿破仑·希尔指出,若你能保有一颗热忱之心,那是会给你带来奇迹的。热忱是富足的阳光,它可以化腐朽为神奇,给你温暖,给你自信,让你对世界充满爱。热情的女人是顾盼生辉的,热情的女人在人生的舞会上,必然是全场的焦点。"如同磁铁吸引四周的铁粉,热情也能吸引周围的人,改变周围的情况。"

娴静可人并非沉闷不语,静若处子并非冷漠无心。年轻最大的好处就在于活力四射、飞扬洒脱,这是年轻的标志,所以不要为了使自己变得成熟而压抑内心的激情,把自己的生活变得麻木冷清。

有一位老太太,她的一条腿已被锯掉,但她很兴奋地描述说,她独自一人生活,她每天都是坐在轮椅上做家务的,包括使用吸尘器、准备三餐、铺床等这些家务活儿。

她常对别人说:"只要你知道窍门,就不会有困难,而且我真的知道这里的诀窍,我并不觉得困难。虽然我身旁没有人,也得不到任何帮助。就算找到合适的女孩儿子,我也付不起费用。但是请你不用忧虑,我并不抱怨,我喜欢这种生活。"

曾经有人和她进行过以下一番对话:

"你的腿被锯掉有多久了?"来客问她。

"哦,大约5年了,当然已经习惯了。"老人平静地回答。

"你能从轮椅上下来吗?"

"当然,你难道认为我整天都闷在这间屋子里?"

"我的奶奶还时常给我们打气,"正当他们聊着,她那位27

岁的孙子插话说，"我每隔两天来看她一次，每次都能从她身上得到一份新的热忱。而且那份热忱也时刻鼓舞着我，使我充满了活力。"

"难道你从来不觉得沮丧吗？你毕竟少了一条腿。"来客紧接着问这位年老却热情得像火一样的女性。

"沮丧？当然，我也有这种感觉。"

"当你沮丧的时候，你怎么办呢？"他进一步问。

"我只是克服这种感觉，还能怎么办呢？"

"听着，孩子。"她用手指着和她谈话的小伙子说，"是这样的，我经常阅读《圣经》，并且相信里面所说的话，而且我不断对自己重复这段话：'我深信，我是拥有生命的，我将拥有更丰富的生命。'你知道吗？《圣经》并不认为这项诺言不适用于坐在轮椅上、少了一条腿、又是90岁的人。它只允诺丰富的生活，因此，我不断对自己重复这个诺言，并且过着丰富的生活。我很幸福，我拥有勇气。"

已年过花甲的老太太仍保持一颗年轻而热情的心，只是被生活小小打击了一下的我们又有何理由自暴自弃呢？

拥有热情，能带给女人真正的自信。当你专注于自己的兴趣而非外表时，你就有了自信。你不再以自我为中心，不再担心自己的工作表现，只急着充分地表现自己的热情。相信你一定看过小提琴家在演奏时满头乱发飞扬的场面，但他却只顾演奏，丝毫不关心外表如何。但却恰恰是这份热情弥补了他的外表，为他创造了一个全新的形象，让观众为之倾倒。

不要把冷漠当作女人的成熟，冷漠是女人的衰老。要想拥有年轻而成熟的美丽，我们需要的是热情。热情是一团火，燃烧女人的美丽，绽放女人的年轻，拥有热情的女人，生活得总是激情四射，生活永远不会寂寞，她们总是在多姿多彩中度过。

热情是心灵深处迸发的一种力量。它能唤醒沉睡的潜能，使人不由自主地想要奔向光明。

化妆品行业的皇后雅诗兰黛，20世纪50年代，凭着朝露这款飘逸着花果清香、洋溢着青春气息的香水白手起家，凭着自己的聪颖和对事业的高度热情，成为世界著名的市场推销专家。而由她一手创办的雅诗兰黛化妆品公司，也是世界首屈一指的化妆品公司。她在80岁前，每天充满激情、精神抖擞地工作10多个小时，她对待工作的热情实在令人惊讶。雅诗兰黛能有今天的地位，与她个人的热情是分不开的。

活出热情的意义，便是找出你爱做的事，然后全力以赴。无论是否有能力得到金钱，你都要坚持到底，这便是真实生活的最好方法。当你从事自己爱做的事时，你不但精力充沛，而且活力十足，才不失为一个浪漫的人生。

激情四射的女人

凭什么女人就该磨灭了自己的梦想与激情，在男人身边做一个美丽的陪衬？我们可以有琼瑶、席慕容笔下女主角的柔情似水，也能成为又一个不羁的三毛。

从出生，到牙牙学语、蹒跚学步，再到小学、初中、高中、大学、工作、恋爱、结婚、生子、老去……这就是大多数人的人生行程表，在这个行程中，大多人寻求稳定的生活，尤其是对于女性来说，稳定往往压倒一切。可是，再喜欢喝白开水的女人，也会厌倦如白开水一般平淡的生活，尤其是当下的新女性，让内心充满激情才能书写更有魅力的人生。

相较于"70后"女人而言，"80后"女人身上表现出更多的激情和梦想，她们敢想敢做，不甘于平淡生活，这使得她们的人生途中花开不断，让早一个时代的女人们艳羡不已。而身为"长江后浪"的"90后"女人在浪漫的追寻上更是青出于蓝而胜于蓝。这才是新时代女性向往的生活，凭什么这些正值青春年华的女子，要守着一颗80岁老妪的沉闷心灵过活？

女人要是缺乏了激情，再美的玫瑰也不能激起她心底的涟漪。在电影《霸王别姬》中，张国荣的"不疯魔不成活"成就了故事的经典。其实人生又何尝不是一部戏，我们如何演活这部戏，这就需要我们"走火入魔"，投入到生活中去，而不是成为生活的旁观者，冷眼看待现实生活中的自己。

美云在大学时是个风云人物，她不仅有着卓越的领导能力，身任班长一职，还是学校文艺部的部长，能歌善舞，还利用自身天使般的脸庞和魔鬼的身材，在校外兼职模特，无论到哪里，美云都是一个聚光灯，吸引了所有人的目光。她的大学生活缤纷灿烂。

大学毕业后，同学们各奔东西，美云也渐渐淡出大家的视线。5年之后的同学聚会上，大家却再也没看见大学时那个美丽热情的可人儿——美云，因为此时的美云变得肥胖而臃肿，曾经浪漫多情的眼神也已经蒙上了层层的黯然。原来美云毕业后，就考进××局当公务员。这是一份令人艳美的工作，待遇高，福利好，对于刚毕业的大学生来说是怎么也摔不破的金饭碗。在这样的环境下，美云在单位只是嗑嗑瓜子，跟同事聊聊八卦。日复一日，热情和理想都被工作的无趣磨平了，麻木而被动地生活着。

我们不仅为美云叹惋，如此一个美丽、浪漫的女子，却被生活的平淡丑化了。在优越宽松的工作环境中，她失去了进取的动力，没有了更高的目标，满足于现状，她失去了那颗追寻浪漫的心，就也失去了她自身的魅力，任岁月在懵懵懂懂之间加速了她娇媚容颜的老去。

平淡是真，但完全的平淡就是麻木，是心灵的腐蚀剂。在现代，有多少个美云，在平淡中稀释了时间，浪费了光阴。不要以为平淡是对现实的一种应对，这其实是一种逃避。平淡的生活就如同鸡肋一般，食之无味，弃之可惜，这就是女人为之追求的浪漫生活吗？答案是"否"。无论世俗生活有多乏味，女人自己不能失去对生活的热情。

女人可以柔美如水，却不要让自己的生活也化为了一杯淡而无味的白开水。于生活来说，平淡是福，但如果生活中只有平淡这个元素，生活就与快乐绝缘，浪漫也就失却了生存的基础，渐行渐远。

感恩让内心充盈

拥有一颗感恩之心，我们不仅要感谢生活，还要回报生活。助人为乐是生活最基本的原则，它同时也是唯一一笔能"双赢"的生意，凡是做这笔生意的人都得到了最珍贵的财富——快乐。

现代社会忙碌的生活往往让年轻人忽略了一个细节——感恩。父母给了我们生命，国家给了我们和平，别人给了我们帮助……这些你都在心里感激过吗？时常怀一颗感恩的心，才能丰富我们的心灵，才能体味到人生的幸福。

与特蕾莎修女相处了近30年的一位修女这样讲述她眼中的特蕾莎：

一次，当我做完弥撒，和特蕾莎院长谈到人世间诸多的困难挫折时，她对我说："其实，世上的艰难困苦又何尝不是俯拾即是，但如果我们视其为上天恩赐的礼物，那么人们周围便会减少几许悲观，平添些许快乐……"

不久以后，我和特蕾莎院长乘飞机去纽约。飞机起飞前出现了故障，被迫停飞。当时，我感到失望和沮丧，但想起了特蕾莎院长曾说过的话，便这样对她说道："院长，我们今天得到了一份'小礼物'——我们得待在这儿等4个小时，你不能按计划赶回修道院了。"

特蕾莎修女听完我的话，微笑着看了看我，然后便安然地坐下来，拿出一本书，静静地读了起来。

从那以后，每当我在生活中遇到磨难与挫折时，便会用这样的话语来表达——"今天我们又得到了一份礼物"，"嘿，这可真是个特殊的大礼物"……而这些话竟然有着神奇的效果，往往就在不经意间，困顿难释的心境变得开朗，莫名的烦恼也消失不见了，连微笑也会在说话间悄悄爬上人们的脸颊……

感恩是一种积极的生活态度。美国犹太教哲学家赫舍尔说："世界是这样的，面对着它，人意识到自己受惠于人，而不是主人身份；世界是这样的，你在感知到世界的存在时，必须做出回答，同时也必须承担责任。"

在多元化、快节奏、激烈变化的生命中，当我们面临越来越多的不快和磨难时，如果我们都能够像特蕾莎修女所讲的那样，真诚地感谢生活，把它们当成生命的一份礼物，将磨难当作命运的祝福，那么我们的人生就会减少很多不必要的烦恼，生活得更加澄澈明亮。

拥有一颗感恩的心灵，你就会相信某天你的缺点也会变成你的优点，你的平凡将是你最大的美丽，你无数次的失败也不是那么重要，过程才是生活赋予你的最重要的真谛。

生活中有许多需要我们感恩的事情已经被忽略，那么是什么遮住了我们的眼睛呢？是你的愤怒吗？你咒骂生活，咒骂它的不公平，咒骂它的善变，因此愤怒蒙住了你的眼睛，你拼命想追上它的脚步，但你忽略了它还给了你另一些与众不同的东西。快点儿让自己冷静下来吧，让感恩之心居住你的心房，就会有新的发现与收获。

实际上，生命的整体是相互依存的，世界上的东西都依赖其他东西。人自从有了自己的生命，便沉浸在恩惠的海洋里。

对生活怀有一颗感恩之心的女人，即使遇上再大的困难，也能快乐地面对。相反，时时抱怨的女人，是感受不到生活的滋润的。一个人真正明白了这个道理，就会感恩大自然的福佑，感恩父母的养育，感恩社会的安定，感恩食之香甜，感恩衣之温暖，感恩花之灿烂……

助人为乐的人从别人那里赢得了快乐，同时也给别人带去了快乐。从此，快乐便在每个人的心里生了根，发了芽，酿成了爱的果实，生活便充满了爱，生命便充满了快乐。

真诚地赞赏、喜欢他人

作为一名女性，如果你想与别人相处得十分融洽，如果你想成为一个受欢迎的人，那么你首先要做的就是满足他们"希望具有重要性"的心理，而你最好的选择就是真诚地赞赏他们。

每个人，当然包括男人和女人，都希望自己受到别人的重视。尤其是男人，他们更希望能够引起女性的重视，更希望从女性那里获得满足这种"希望具有重要性"的感受。

你能否真诚地去赞赏那些男士们，直接关系到你是否能找到一个称心如意的伴侣或是拥有一个美满幸福的家庭。所以当你和你的男友或是丈夫相处时，如果你想让你们彼此都拥有幸福的美好感觉，那么你最应该做的就是去真诚地赞赏他们。不过，你能够真诚地去赞美他们的前提则是必须真心地喜欢他们。

在历史上像这样的例子数不胜数。乔治·华盛顿，美国第一任总统，他最高兴的就是有人当面称呼他为"美国总统阁下"；哥伦布，这个发现美洲的航海家，他曾经要求女王赐予他"舰队总司令"的头衔；雨果，伟大的作家，他最热衷的莫过于希望有朝一日巴黎市能改名为雨果市；就连最著名的莎士比亚也总是想尽办法给自己的家族谋得一枚能够象征荣誉的徽章。

之所以列举了这些成功男士的例子，无非是想告诉各位女士们，一个成功的男人虽然已经获得了很多很多的东西，但他们永远不会对那美妙的赞美声产生厌倦。因此，如果你想成为男人眼中最善解人意、最迷人、最美丽的女性，那么你最好的选择就是去真诚地赞赏他。

当然，女性在生活中接触更多的可能还是同性朋友。而女人对这种赞美声的渴望绝不亚于男人，而且还更甚。

一个朋友的妻子参加了一种自我训练与提高的课程。回到家后，她急切地对丈夫说："亲爱的，我想让你给我提出6项事项，而这6项事项能够让我变得更加理想。"

"天啊！这个要求简直让我太吃惊了。"她的先生这样说，"坦白说，如果想让我列举出所谓的能让她变理想的事情，这简直再简单不过了，我能列出许多条，可是天知道，我的太太很有可能会紧接着给我列出成百上千个希望我变得更好的事项。我没有按照她说的那样做，当时我只是对她说：'还是让我想想吧，明天早上我会给你答案的。'

"第二天我起了个大早，给花店打电话，要他们给我送来6朵火红的玫瑰花。我在每一朵玫瑰花上都附上了一张纸条，上面写着：'我真的想不出有哪6件事应该提出来，我最喜欢的就是你现在的样子。'你肯定会猜到了事情的结果，就在我傍晚回家的时候，我太太几乎是含着热泪在家门口等我回家。我觉得不需要再解释了，我真庆幸自己当初没有照她的要求趁机批评她一顿。事后，她把这件事告诉给了所有听课的女士们，很多女士都走过来对我说：'不能否认，这是我所听到过的最善解人意的话了。'从那一刻起，我认识到了喜欢和赞赏他人的力量。"

如果当初这位先生选择了给妻子提出那6件事，而并不是由衷地赞赏她的话，等待他的恐怕就是妻子那成百上千件的不满之事以及那无休止的争吵。可见这位先生真是聪明至极。

女人就是这样，她们总是希望能够得到他人的赞赏，得到别人的重视，尽管她们做得并不够好。相信各位女士经常会在心里佩服其他的女性，却很少把这种心情表达出来。"挑剔"似乎是上帝赐予女人的特权，因此女人对她身边的人总是很不满意。她们认为,身边的人做得还远远不够,至少还没有做到能够让她赞赏的那个地步。

成功人士大都会对他人表示赞赏,查理·夏布和安德鲁·卡内基就是这样做的。

1921 年,安德鲁·卡内基提名年仅 38 岁的查理·夏布为新成立的"美国钢铁公司"第一任总裁,这一任命使得夏布成为了全美少数年收入超过百万美元的商人。

有人会问,为什么卡内基愿意每年花 100 万美元聘请夏布先生?难道他真的是钢铁界的奇才?夏布先生说,其实在他手下工作的很多人对于钢铁制造要比他懂得多得多。接着,夏布先生又很得意地说,他之所以能够取得这样的成绩,主要是因为他非常善于处理和管理人事。

他的经验是:

赞赏和鼓励是促使人将自身能力发挥到极限的最好办法。

如果说我喜欢什么,那就是真诚、慷慨地赞美他人。

这两句话是夏布成功的秘诀,而事实上,他的老板安德鲁·卡内基也是凭借这一秘诀获得成功的。夏布说,卡内基先生十分懂得在什么时候称赞别人。他经常在公共场合对别人大加赞扬,当然在私底下也是如此。

应该说,真诚地赞赏和喜欢他人,是女士处理人际关系、赢得别人真心最好的润滑剂。

在人际交往的过程中,我们接触的是人,是那些渴望被人赞赏的人。应该说,赐给他人欢乐,是人类最合情也是最合理的美德。因为伤害别人既不能改变他们,也不能使他们得到鼓舞。

在美国,因精神疾病导致的伤害要比其他疾病的总和还要多。按照我们的推测,精神异常往往是由各种疾病或外在创伤引起的。但是,有一个令人震惊的事实是,实际上有一半精神异常的人,其脑部器官是完全正常的。

一家著名精神病院的主治医师指出，很多时候人之所以会精神失常，是因为他们在现实生活中得不到"被肯定"的感觉，因此他们要去另外一个世界寻找这种感觉。

他讲了一个例子：

他有一个女病人，是那种生活比较悲惨的人，她的婚姻非常不幸。她一直渴望着被爱，渴望得到性的满足，渴望拥有一个孩子，渴望能够获得较高的社会地位。然而，现实摧毁了她所有的希望。她的丈夫不爱她，从来没有对她说过一句赞美的话，甚至于都不愿意和她一起用餐。这个可怜的女人没有爱、没有孩子、更没有社会地位，最后她疯了。

不过，在另一个世界里，她和贵族结婚了，而且每天都会生下一个小宝宝。说到这儿的时候，那位医师说："坦白地说，即使我能够治好她的病，我也并不会去做，因为现在的她，比以前快乐多了。"

如果当初他的丈夫能够喜欢和赞赏她的话，如果当初她身边的人能够真诚地赞赏她的话，那么她根本不会疯。因为能够在现实生活中得到的东西，就没有必要去另一个世界去寻找。

人的生命只有一次，任何能够贡献出来的好的东西和善的行为，我们都应现在就去做，因为生命只有一次。

你和我没有什么不一样，男人和女人也没有什么不一样。因此，女人们，请你们一定要记住，待人处世最重要的一点就是发自内心地、由衷地、真诚地赞赏和喜欢他人。

第七章

待人如春风，
笃定如秋水

不做孤芳自赏的冷美人

对一个人的人生而言，群体活动是其中的重要环节，人就是在群体活动中度过的。没有社交，没有群体活动，女人的人生会变得枯燥乏味，甚至了无情趣。

"请学会社交吧，因为你的面前是成群的职业高手！"这是美国著名女性专家波尔·特丝对现代女性的一句忠告。交际，是人类的基本需要。没有社交的女人是可怜的，没有女人的社交更是可悲的。随着社会的进步，女性参加社会活动的机会越来越多，女性从社交中获得的益处也越来越多。

有人说："30 岁以前靠专业赚钱，30 岁以后靠人际关系赚钱。"在一家信息公司开展的关于"哪类因素对职业生涯影响最大"的一项调查中，个人能力被大家公认为第一要素；其次有30.77% 的受访者认为机遇起着决定性的作用；人际关系的因素被排在了第三位，有 17.3% 的受访者感受到了人际关系的重要性。其实这三样并不矛盾，往往具有累积加倍的功效。如果你有能力，而且在能力之外还有良好的人际关系，那么你一定会是一分耕耘，数倍的收获。

崇尚社交应该是女人的天性，女人对交际有天生的敏感。契诃夫说过："不和男人交际的女人渐渐变得憔悴。"与人相处，是女人生命的亮点。它不仅照亮女人，也让身边的人感到光艳夺目，让自己的人生更加幸福多彩。社交对于女人是大有裨益的。至少体现在以下几方面：

1. 女性在社交中展现自我

社交给了女人一片展现自我的天空，女人因为参与社交而变得更加聪明和豁达。德国著名哲学家叔本华曾说过："人的社交，根本不是本能。也就是说，并不是爱社交，而是怕孤独。"而女性恐怕是最害怕孤独的动物了，在纷繁的世界里，女性是如此渴望朋友、事业和爱情，如此期盼理解、认可和尊重。社交是女人获得心理平衡的重要方法。

2. 女性在交际中沟通感情

情感沟通是交际得以维持并向更密切的关系发展的重要条件。女性在交际中多投入一些感情，就可能多一些回报，同时情感交流使得交际更有进展。

3. 女性在交际中满足需求

人类交往的目的是为了使社会成员满足个人的需求，履行社会赋予的责任。因此，必须吸取他人的经验和物质、精神力量，满足自身需求和弥补不足。

4. 女性在交际中获得生存

人类的发展影响着劳动的分化，每个人用自己的劳动贡献于社会，同时又从社会中享受他人的劳动。没有交际，就没有劳动成果的交换，就没有现代化水平的生活。

5. 女性在交际中发展个性

现代心理研究表明，女性个性的构筑明显地纵横着交际的经纬。因为人的交际十分醒目地涂抹着个性的色彩，使得个性的调色板上沾有社会交际的颜料。

6. 女性在交际中寻求友谊

女性寻求友谊的高峰，同心理上的断乳期相伴随。特别是青春期后，女性自我意识加强，对友谊的渴求愈加强烈，对交际的需求也就与日俱增。

一个优秀的女人，不应该独处一旁，孤芳自赏，而是应该走出去，在人群中绽放自己的光芒。

巧妙利用好记性

在交际中记住对方的姓名，对方必定从中体验到你的深情厚谊，感受到他在你心目中的位置，进而增加亲切感、认同感，加深彼此的感情。

在生活中有一个潜规则：记性好的人往往都会受欢迎。先看一则例子。

吉姆·佛雷从来没有进过中学，但是在他46岁之前，已经有四所学院授予他荣誉学位，并且他成了民主党全国委员会的主席、美国邮政总局局长。他成功的秘诀在哪里呢？原来，他有一种记住别人名字的惊人本领。

吉姆·佛雷10岁那年，父亲就意外丧生，留下他和母亲及另外两个弟弟。由于家境贫寒，他不得不很早就辍学，到砖厂打工赚钱贴补家用。他虽然学历有限，却凭着爱尔兰人特有的热情和坦率，处处受人欢迎，进而转入政坛，最后还担任邮政局长之职。

有一次有人问起他成功的秘诀，他说："辛勤工作，就这么简单。"那人有些疑惑，说："你别开玩笑了！"

他反问道："那你认为我成功的原因是什么？"

那人说："听说你可以一字不差地叫出1万个朋友的名字。"

"不，你错了！"他立即回答道，"我能叫出名字的人，少说也有5万人。"

姓名是一个神奇的语言符号，人们如此看重它，是因为它包含着特殊的意义。姓名与本人的尊严、地位、荣誉、心理以及彼此间的感情友谊紧密联系在一起。甚至可以说，名字就是你，你就是那个名字。这一点在交际中表现得尤为明显。当人们的名字被遗忘、被搞混，不管有意无意都可能带来不良的影响,轻者让人家心理上反感,拉开彼此的距离,重者会影响彼此的感情,损害人际关系。

在与人交往的时候,我们首先要做到的就是记住对方的姓名、职务,见面时能道出其名、其职。这样做,一方面出于礼貌,表示尊重;另一方面又是珍视感情的表现。从一定意义上说,记姓名是一种廉价然而有效的感情投资。记住他人的姓名就等于把一份友谊深藏在心里,记忆时间越久,情谊就越深,如同一瓶陈年好酒,越放就越醇。

不仅仅记住对方的名字能够在交际中受到欢迎,巧妙地利用好记性记住朋友的爱好、生日也是一种人际投资。

生活中总是有这样的场景:

她说:“小红,你上次说你贫血,刚好前几天我回老家,给你带了点儿我们那的土特产大红枣。”小红一定会很感激。

她说:“生日快乐啊小玲。这是送你的小礼物。”小玲一定会又惊又喜,居然还有人记得她的生日。

许多聪明女人都有一个灵光的头脑,记性好,不要白费了你这副好记性,用心记住身边朋友的信息,关键时刻让他们受宠若惊,你在朋友之中的人气一定会越来越旺的。

用真心交真朋友

保持距离,虽能保护自己,却也注定永远寂寞。如果我们不交出真心,又怎能得到真心呢?

在这个时代里,女人都知道人际关系的重要性。但遗憾的是,当整个社会都在谈人际关系的时候,反而没有真正的人际关系可言。因为我们只是把人际交往当成了工作,与感情无关。当我们以交易的方式进行交际,我们得到的大都只是一场交易。所以看似交际很多,但是泡沫更多,能把握住的很少,能引导成功的更少。

小嘉是一家著名房地产公司的市场营销部经理，她接触的大都是事业有成甚至小有名气的客户群。按理说，这样的条件和环境对拓宽自己的人际圈，增加成功的几率应该是不费吹灰之力的事情，但实际与理论总是有差距的。

几年下来，小嘉的名片盒里有大把交换来的名片，手机、笔记本电脑、记事本里都存满了各种客户的联络方式。在各种社交商务场所，她应酬得八面玲珑不亦乐乎。看似热闹，但背后的孤独也许只有自己才知道。除了工作上的联系，她在这座城市里的朋友并不多，甚至找男朋友都是一个难题。遇到事情需要帮忙的时候，抱着几大本名片，却实在想不出会有谁肯帮忙。想要倾诉的时候，却不知道该向谁诉说。每周约会很多人，但没有一个是可以说话的知心朋友。每天都会认识很多新的人，但绝大部分都只是一面之缘，下次有事需要联系的时候跟陌生人没什么两样。因为那些通过工作认识的朋友都是有利益关系的，抛开这层关系便什么都不是了。

如果没有了联系人际的那颗心，所有繁忙的人际留下的也只是喧嚣背后的孤独无依。在腾讯网的一次调查中，在15068个受访者中，87.5%的人有类似"熟人越来越多，朋友却越来越少"的感觉。

这也许真的不能怪我们，因为现在的生存压力实在太大了，很多人忙得连谈恋爱的时间都没有，哪儿还有时间顾得上维系友情呢？同事的工资都是背靠背的，谁知道别人心里想什么呢？连离得最近的人都只能"点到为止"？又怎么放心托付一颗心与人交往呢？也许，这就是现代人的悲哀之处：看似呼朋唤友，实则没有朋友。

凭借出色的交际手腕和三寸不烂之舌，可以让很多人成为"认识的人"，但并不一定能找到很多"贵人"。

也许市面上的人际关系书里会教给我们很多的技巧，但是从历史的经验来看，成功的人际交往只有一招是最无敌的，那就是真心待人。没有人喜欢别人对自己尔虞我诈，连小人都不喜欢小人。不要以为请人吃一顿饭送一份礼，别人就会对我们产生好感。用一颗真诚的心对人，比一顿饭、一个小礼物更为重要。

记得在军事上曾有一个说法叫作"韩信点兵，多多益善"，现在社会上也比较流行"朋友多了路好走"这一观点。但真正懂兵法的知道，兵还是在精不在多。因为能驾驭上百万士兵的除了韩信、白起等个别将领外，很少人有这个能力。面具太多很累人，朋友也并不是越多越好的，与其花大量时间和精力去应酬各种交际"泡沫"，把自己变成繁华城市中千疮百孔的"城市孤岛"，不如真心真意地交几个情投意合、比较靠谱的闺蜜。

亲密也要有间

其实不光动物之间要保持一定距离，人与人之间也应有一定的距离，即我们常说的"私人空间"。这是女人在人际交往时应注意的，即便和别人亲密也要有间。

生活中我们常常会听到有些女人这样抱怨："我不喜欢他，他太不把自己当外人了。"这话里的意思大概是指这个人已经跨过了人际交往的距离。

有这样一个例子：

一群刺猬在寒冷的冬天相互接近，为的是通过彼此的体温取暖以避免冻死，可是很快它们就被彼此身上的硬刺刺痛，相互分开；当取暖的需要又使它们靠近时，又重复了第一次的痛苦，以至于它们在两种痛苦之间转来转去，直至它们发现一种适当的距离，使它们能够保持互相取暖而又不被刺伤为止。

一位心理学家做过这样一个实验。在一个刚刚开门的阅览室里，当里面只有一位读者时，心理学家就进去拿椅子坐在他或她的旁边。实验进行了整整80次。结果证明，在一个只有两位读者的空旷的阅览室里，没有一个被试者能够忍受一个陌生人紧挨自己坐下。在心理学家坐在他们身边后，被试者不知道这是在做实验，很多人很快就默默地远离到别处坐下，有的人则干脆明确表示："你想干什么？"

在生活中，不知你是否注意到这样一种现象：

在车站、公园供人休息的长凳上，通常坐两端的人多，一旦两端位置都有人占据，也几乎很少有人会主动去坐中间的位置。

一个能坐4个人的一排长凳，先来的人会坐在凳子的正中，后来的人会坐在长凳的一边，而正中的人则会挪到长凳的另一端。于是，原本可以坐4人的长凳，两个人就"客满"了。

坐公交车时，如果只有最后一排还有空位，走在前面的人坐在了中间，旁边还有两个座位时，后面的人多半会坐在两边靠窗户的座位上，而不会紧挨着前面的人坐下。

无论在拥挤的车厢还是电梯内，你都会在意他人与自己的距离。当别人过于接近你时，你会通过调整自己的位置来逃避这种接近的不快感；但是挤满了人无法改变时，你又会以对其他乘客漠不关心的态度来克制心中的不快，看上去也会神态木然。

所有的这种现象，都说明人与人之间需要保持一定的空间距离。任何一个人，都需要在自己的周围有一个自己把握的自我空间，它就像一个无形的气泡一样为自己"割据"了一定的"领域"。而当这个自我空间被人侵入，就会感到不舒服、不安全，甚至恼怒起来。所以，我们在与人交往时，一定要注意这点，不管是在空间上还是在心理上，都要给人一定的空间距离，这样才能更好地与人相处。

就一般而言，交往双方的人际关系以及所处情境决定着相

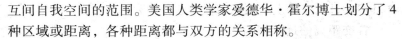

互间自我空间的范围。美国人类学家爱德华·霍尔博士划分了4种区域或距离,各种距离都与双方的关系相称。

1. 亲密距离

这是人际交往中的最小间隔,即我们常说的"亲密无间",其近范围在15厘米之内,彼此间可能肌肤相触、耳鬓厮磨,以至相互间能感受到对方的体温、气味和气息;其远范围是15～44厘米,身体上的接触可能表现为挽臂执手,或促膝谈心,仍体现出亲密友好的人际关系。

就交往情境而言,亲密距离属于私下情境,只限于在情感联系上高度密切的人之间使用。在社交场合,大庭广众之下,两个人(尤其是异性)如此贴近,就不太雅观。在同性之间,往往只限于贴心朋友,彼此十分熟识而随和,可以不拘小节,无话不谈;在异性之间,只限于夫妻和恋人之间。因此,在人际交往中,一个不属于这个亲密距离圈子内的人随意闯入这一空间,不管他的用心如何,都是不礼貌的,会引起对方的反感,也会自讨没趣。

2. 个人距离

这是人际间隔上稍有分寸感的距离,较少有直接的身体接触。个人距离的近范围为46～76厘米,正好能相互亲切握手,友好交谈。这是与熟人交往的空间。陌生人进入这个距离会构成对别人的侵犯。个人距离的远范围是76～122厘米,任何朋友和熟人都可以自由地进入这个空间。不过,在通常情况下,较为融洽的熟人之间交往时保持的距离更靠近远范围的近距离一端,而陌生人之间谈话则更靠近远范围的远距离一端。

在人际交往中,亲密距离与个人距离通常都是在非正式社交情境中使用,在正式社交场合则使用社交距离。

3. 社交距离

这已超出了亲密或熟人的人际关系,而是体现出一种社交性或礼节上的较正式关系。其近范围为1.2～2.1米,一般在工作环境和社交聚会上，人们都保持这种距离。

社交距离的远范围为 2.1～3.7 米，表现为一种更加正式的交往关系。公司的经理们常用一个大而宽阔的办公桌，并将来访者的座位放在离桌子一段距离的地方，这样与来访者谈话时就能保持一定的距离。如企业或国家领导人之间的谈判、工作招聘时的面谈、教授和大学生的论文答辩等，往往都要隔一张桌子或保持一定距离，这样就增加了一种庄重的气氛。

4. 公众距离

这是公开演说时演说者与听众所保持的距离。其近范围 3.7～7.6 米，远范围在近 8 米之外。这是一个几乎能容纳一切人的"门户开放"的空间，人们完全可以对处于空间内的其他人"视而不见"、不予交往，因为相互之间未必发生一定联系。因此，这个空间的交往，大多是当众演讲之类，当演讲者试图与一个特定的听众谈话时，他必须走下讲台，使两个人的距离缩短为个人距离或社交距离，才能够实现有效沟通。

人际交往的空间距离不是固定不变的，它具有一定的伸缩性，这依赖于具体情境、交谈双方的关系、社会地位、文化背景、性格特征、心境等。

我们了解了交往中人们所需的自我空间及适当的交往距离，就能有意识地选择与人交往的最佳距离；而且，通过空间距离传达的信息，还可以很好地了解一个人的实际社会地位、性格以及人们之间的相互关系，从而更好地进行人际交往。

见面时间长，不如次数多

一般来说，人与人之间的熟识程度，是与交往次数直接相关的。交往次数越多，心理上的距离越近，越容易产生共同的经验，取得彼此了解和建立友谊，由此形成良好的人际关系。

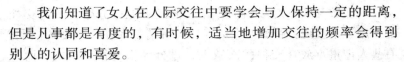

我们知道了女人在人际交往中要学会与人保持一定的距离，但是凡事都是有度的，有时候，适当地增加交往的频率会得到别人的认同和喜爱。

有心理学家曾经做过这样一个实验：

在一所中学选取了一个班的学生作为实验对象。他在黑板上不起眼儿的角落里写下了一些奇怪的英文单词。这个班的学生每天到校时，都会瞥见那些写在黑板角落里的奇怪的英文单词。这些单词显然不是即将要学的课文中的一部分，但它们已作为班级背景的不显眼的一部分被接受了。

班上学生没发现这些单词以一种有条理的方式改变着——一些单词只出现过一次，而一些却出现了 25 次之多。期末时，这个班上的学生接到一份问卷，要求对一个单词表的满意度进行评估，列在表中的是曾出现在黑板角落里的所有单词。

统计结果表明：一个单词在黑板上出现得越频繁，它的满意率就越高。

实验表明某个事物呈现次数越多，人们越可能喜欢它。在人际交往中也是如此。随着交往次数的增加，人们之间越容易形成重要的关系。例如教师和学生、领导和秘书等，由于工作的需要，交往的次数多，所以较容易建立亲近的人际关系。相反，如果两个人没有一定的交往，"老死不相往来"，那么情感、友谊就无法建立。

其实，人与人之间的感情发展，就像银行的存钱业务，平时一点儿一点儿地储蓄，几年之后就有一笔钱了。朋友、同事、亲人之间的关系同样需要维护和经营，平时互不来往，相当于不存钱；有事才想到找他们帮忙，相当于从存折中取钱，只取不存，存折迟早会空的。

所以，在人际交往中，我们要想得到别人的喜欢，让别人熟悉你，就要多走动，多联系。

当然，任何事物都是辩证的，不是绝对的，我们应该承认交往的次数和频率对吸引的作用，但是不能过分夸大其对交往的作用。俗话说：距离产生美，任何事情都存在一个度的问题。有些人把重点放在交往的次数上，过分注重交往的形式，而忽略了人们交往的内容、交往的性质，这是不恰当的。在你注重交往的频率的同时，也应该注重交往的内容，否则可能会适得其反。

交往需要适当的自我暴露

人之相识，贵在相知；人之相知，贵在知心。要想与别人成为知心朋友，就必须向对方袒露自己，即表露自己的真实感情和真实想法，向别人讲心里话，坦率地表白自己，陈述自己，推销自己。

与人交往时，我们常可见两类人。一类是善于言谈的，这些人可以饶有兴趣地与你谈论国际时事、体育新闻、家长里短，可是从来不会表明自己的态度。你一旦将话题引入略带私密性的问题时，他就会插科打诨，或是一言以蔽之。对于这样的人，人们往往存有戒备心理，常常被认为是泛泛之交，不会深入。另一类人是不善言辞之人，虽然他们不太爱讲话，但却总希望能向对方袒露心声，这样的人反而能很快和别人拉近距离，而对于此类人，人们也往往愿意和他深交。

为什么会出现这样的结果呢？

小林是同宿舍中最擅长交际的一个，并且人长得也漂亮。但同班甚至同宿舍的其他女生都找到了自己的男朋友，唯独漂亮的、擅长交际的小林仍是独自一人。

为什么呢？她身边的同学都表示，她太神秘，别人都不了解她。原来，小林一直对自己的私生活讳莫如深，也从不和别人谈论自己，每当别人问起时，她就把话题岔开。

在生活中，我们也常会发现有的人外表看起来不是很擅长社交，但知心朋友却比较多，而有的人，虽然很擅长社交，甚至在交际场中如鱼得水，但是他们却少有知心朋友。这是为什么呢？如果你仔细观察，会发现第一类人一般都有一个特点，就是为人真诚，渴望情感沟通。他们说的话也许不多，但都是真诚的。他们有困难的时候，不知怎么总能有人来帮助他（她），而且很慷慨。而第二类人习惯于说场面话，做表面功夫，交的朋友又多又快，感情却都不是很深。因为他们虽然说了很多话，但是却很少暴露自己的感情。其实人人都不傻，都能直觉地感到对方对自己是出于需要，还是出于情感而来往。

也许，你也有过这样的感受：当自己处于明处，对方处于暗处，自己表露情感，对方却讳莫如深，不和你交心时，你会感到不舒服，对这个人也不会产生亲切感和信赖感。而当一个人向你表白内心深处的感受时，你会觉得这个人对自己很信赖，而无形中你也会和他一下子拉近了距离。

一个人应该至少让一个重要的他人知道和了解真实的自我。这样的人在心理上是健康的，也是实现自我价值所必需的。一个从不自我暴露的人，很难与他人建立起密切的关系，而一个总是向别人谈论自己的人，也不会赢得友谊，甚至会招人厌烦，就像鲁迅小说中的祥林嫂那样总是喋喋不休地谈论自己的事情，刚开始可能会得到别人的认可，但时间长了就会遭到人们的厌烦。所以，在向别人袒露自己时要恰到好处，不可过多，也不能过少。

心理学家认为，理想的自我暴露是对少数亲密的朋友做较多的自我暴露，而对一般朋友和其他人做中等程度的暴露。而且，你也不一定要说你的秘密，在不太了解的人面前，我们可以交流一些生活中的并不私密的情感，既给人亲近之感，又不会让自己处于不安全的境地。

当人们与自我暴露水平较高的个体交往时，最有可能进行较多的自我暴露。人们常常会回报或模仿他人所欣赏的自我暴露。如与朋友聊天时，朋友讲出心底秘密的同时，我们也愿意做出同等的回报，投之以桃、报之以李。

自我暴露与喜欢紧密相连。人们喜欢那些与自己有相同自我暴露水平的人。如果某人的自我暴露比我们暴露自己时更为亲密详细，我们会害怕过早地进入亲密领域，从而产生焦虑。

所以，要想做一个受人欢迎的女人，不妨向对方适当地袒露一下自己的内心，吐露一下秘密，这样会一下子赢得对方的心，赢得一生的友谊。

交际要像薛宝钗

好人缘，让女人的心田得到情感的滋润。常与人交往和分享，快乐更显生动，烦恼和忧伤不会久驻，心中永远是朗朗晴空，徐徐清风。

但凡读过《红楼梦》的人，无不为黛玉、宝钗两人的才情所打动。两人本无高下之分，但却很少有读者真心喜欢宝钗这个人物，大都觉得此人太过持重圆滑、工于心计。但就为人处世来讲，宝钗的"人缘学"却是值得女人学习揣摩的。

宝钗人缘好的原因是关心人及体贴人。袭人因身子不舒服，请湘云帮忙为宝玉做双鞋，宝钗知道湘云的难处，于是主动将活揽过来。她生日那天，贾母问她爱听何戏，爱吃何物，"宝钗深知贾母年老之人，喜热闹戏文，爱吃甜烂之食，便总依贾母往日素喜者说了出来，贾母更加喜悦"。黛玉谈起自己的病情相当悲观，宝钗不仅要她换个高明医生，而且有鼻有眼地指出她药方有问题，提出改进意见："昨儿我看你那药方上，人参、肉桂觉得太多了。虽说益气补神，也不宜太热。依我说,先以平肝健胃为要,肝火一平,不能克土,胃气无病,饮食就可以养人了。每日早起拿上等燕窝一两,冰糖五钱,用银铫子熬出粥来,若吃惯了比药还强,是滋阴补气的。"她还真诚地说:"你放心,我在这里一日,便与你消遣一日,你有什么委屈烦难,只管告诉我,我能解的,自然替你解一日。"因而黛玉亦认为自己往日是"藏奸",确实错怪了宝钗。希望得到别人的理解和关心,乃人之常情,善解人意及助人者总是受到一切人欢迎的。

即使是对待下人,宝钗也一向是宽厚的。香菱在她家中是侍妾的地位,而她却视她为手足,不仅生活优遇她,而且还为她排难解忧。薛贾二家的下人,不论尊卑,她待他们都是彬彬有礼,不对谁特别好,也不冷淡任何一个不得意之人。当凤姐患病,探春奉命当家,王夫人命她协助。探春决定把大观园中的花果生产交给几个老婆子掌管,宝钗就接着提出一种调剂性的主张,凡经管生产收入,除供应头油香粉外,其余盈余不必再行交到账房,作为经管人的贴补,而且应当也分些给其他的婆子媳妇们。这样,公家省了钱,又不显得太啬刻。其他未经手的人得到利益,也便不会抱怨或暗中破坏别人。于是各方面都欢喜叹服。

宝钗的处世哲学中体现了尊重他人、乐于助人、待人以诚等美德。难怪她在贾府赢得了上上下下一干人等的欢迎。她的成功也告诉我们,好人缘是需要付出的,真心的付出必将收获真情的回报。

好人缘的力量是神奇的。在交际场合长袖善舞的女性也许并不是貌若天仙,但好人缘使她具有专属自己的独特吸引力,令她得到每一个人的欢迎和欣赏。她们如翩然起舞的蝴蝶,在人生的各种角色间轻松游走,自由切换,游刃有余。好人缘让她们不断收获成功和幸福。

在家庭里,她们会向亲人倾吐自己的欢乐和忧伤,也会及时送上自己的温情与慰藉；在职场里，她们会和同事们亲切地交谈，精诚合作、风风火火、奋力拼搏，也会为别人的成功献上自己最真诚的祝福；在上下班的路上，她们会向熟人热情问候，也从不吝惜对陌生人问一声好；在朋友生日宴会上，她们会道上一声真诚的祝福。

她们无时无刻不把与他人联系当作是一种极大的快乐。她们懂得尊重别人。人缘就像山谷的回音，你付出了真诚，得到的也是诚挚之心。与人为善，尊重他人也就是与己为善，尊重自己。她们拥有容人之量。人事纠缠，盘根错节，矛盾和摩擦都是无法避免的，小肚鸡肠者终日耿耿于怀，无法解脱；而宽容之人都能一笑而过，大度处之。她们最有人情味，关心他人、爱护他人、理解他人，在别人最困难的时候伸出友谊之手，"雪中送炭"，排忧解难。

她们待人以诚。在处理人际关系时，总是真心实意，心口如一，从不藏奸耍滑，戴上虚情假意的面具。她们总是光明磊落，胸怀坦荡。

好人缘，给女人一片展现自我的天空。与人交往使女性不再孤独、理解、尊重、认可，让女人生活得更有滋味。

好人缘，为女人搭建成功的桥梁。"多个朋友多条路"，有好人缘的女人不会缺少成功的机会。良好人缘，让幸福女人的人生更加精彩！

多结交成功人士

一个人只活在自己的世界里，不会有大的建树，只有与强者做朋友，时间长了，你才会有一个成功者的思维，你才会用一个成功者的思维去思考。

在你人脉网形成的时候，适当地提高自己的交友水准。想一想,你和童年的小伙伴在一起,学到的是不是也只是怎么玩"跳房子"的游戏?你和中学的好伙伴学到的是不是也只是一些学习上的小技巧?你和大学的玩友学到的是不是只是最近哪个商场又在打折了?这样想来,如果你认识和来往的都是这些朋友,你会知道现在哪个行业最有发展前景吗?你会知道怎样投资才最能赚钱吗?你会知道女人应该找一个什么样的另一半才是最大的幸福吗?

相同的精神追求,才能让你们找到共同语言。只有拥有同样的人生信仰,你们才能彼此发现,彼此懂得,彼此珍惜。所以,是时候提高你的交友水准了。只有在更高一层的精神领域里,你才能遇到可以引领你生活的星探。

有两个毕业一年的同寝室的女人在对话。她们中一个光艳照人,谈吐不凡;另一个却愁眉苦脸,未老先衰。第一个女人感慨道:"我认识的人都好强啊,他们才刚刚毕业几年,就买房的买房,买车的买车。我从他们身上学到了好多东西。我感觉现在生活很充实,需要我去实现的梦想也很多。"第二个女人却苦笑着说:"我认识的人都不如我,好多都是咱们以前的同学,大家过得差不多。我现在感觉生活就这样了,也没有什么追求。"

是什么导致两个曾经同寝室的姐妹人生观这样不同呢?那就是她们的朋友圈子不同,她们的朋友的质量不同。一个女人的朋友都比自己成功,她在自己朋友的身上学到很多东西,也拥有了非常积极的心态,所以她就会向着成功的方向努力。而另外一个女人,处在和自己一个水平,甚至还不如自己的朋友圈里,时间一长,她认为大家的生活状态都是这样的,所以也就不思进取了。

提高自己的交友水准,可以让你找到自身的不足,学习朋友身上的优点,而且也可以进入自己没有涉足过的领域,丰富自己的知识面。现在是21世纪,不再是女子"大门不出,二门不迈"的时代。女人，你不仅要走出去认识他人，与他人交往，你还要与成功人士交往，不要只与一种人交往，要认识各种各样、各行各业的人。

有人说过，要想看一个人是什么样的人，先来看他的朋友。所以，如果你想成为一个成功的女人，就要多交一些"强人"朋友。

第八章

如果有人对你扔牛粪，你可以拿来养鲜花

关键时刻封杀你的小心眼儿

朋友捉弄你时，与其让一群好朋友不欢而散，倒不如在关键时刻封杀自己的小心眼，利用自己的大度和智慧化解尴尬，让这场善意的闹剧只作为缓解气氛的一场游戏，而不是与他人友情的终止符。

有一些喜欢和别人捣蛋的人，这些人可能是你的朋友、同事或者是爱人——在公共场合，他们会突然搂住你，然后提起一件你讳莫如深的往事，有恃无恐地出你的丑，或是公开你的隐私，或是阔谈你做过的傻事和闹出的笑话。如果这时你生气了，他们就会说："这只是开开玩笑，你太神经过敏、缺乏幽默感了。"所以，很多事情过去了就过去了，完全不必去计较谁对谁错。

文静一直记得这么一件尴尬的事：有一年3月31日，她接到无话不说的好朋友邹敏的电话，说晚上一帮朋友在毛家饭店聚餐，请她务必赏光。

没说的，好朋友之约，下刀子也得出席。当天傍晚，精心打扮的文静按时赴约了。十多个朋友在包房里边吃边侃，很是开心。几个小时不知不觉地过去了。

"文静，文静，你说我该怎么办？我……我爱上了黄炜，你把他让给我好不好，好不好吗？"突然，邹敏举着酒杯，摇摇晃晃地向文静走来。

"你说什么？"听到有人公然宣称要自己让出男朋友，文静有些目瞪口呆。

"我说文静，好东西要和好朋友分享，你别那么小气嘛。我可是有什么好东西都没忘了你呀！再说啦，黄炜也不反对呀！"

邹敏扔下了一颗重磅炸弹。

"你不要脸!你还是不是人啊?觊觎人家的男朋友,我瞎了眼,才会把你当朋友!"文静一急,有些口不择言了。

"更正,我不是觊觎你的男朋友,而是我们两情相悦。他已经有两星期没有找你了吧?他骗你出差了,实际上啊,是和我在一起!"邹敏不停地火上浇油。

"我撕了你的嘴!"文静再也忍不住了,张牙舞爪地冲向邹敏。

邹敏灵活地在众人之间穿来穿去。一帮朋友要么袖手旁观,要么不知所措。文静气得号啕大哭。

"停!游戏到此结束。现在是4月1日凌晨,文静,愚人节快乐!"一位朋友见此情景,忍不住揭穿了谜底。

"你们……"文静终于明白了这是愚人节的玩笑。想到自己不顾形象,追打"死党",涕泪交流的模样,文静尴尬地僵在原地,不知如何是好,只觉得脸火辣辣的。

相信这样被人捉弄的经历,大多数人都有过,面对这样的事情的确让人很尴尬。文静却微微一笑,说:"我的演技不错吧,你们都被骗了吗?"继而转移了话题,化解了尴尬。

生活中,女孩儿常常是小心眼儿的,尤其是在众人面前被人捉弄,往往是最让人受不了的。面对这样的情况,小心眼儿的女孩儿可能会发脾气,也可能揉着眼睛流下委屈的眼泪。但是,年轻人在一起,很多时候并不是真心让谁难堪的,只不过是一个玩笑。如果这时候我们表现得太激烈,太小心眼儿,朋友们就可能因为下不来台而感到尴尬,那么这场聚会就会变得不欢而散,甚至可能引发的后果是,朋友们以后再也不敢跟你开玩笑了,有什么活动也不可能再找你了。所以,女孩儿要在关键时刻封杀自己的小心眼儿,机智地化解尴尬处境,化一场闹剧为喜剧,这样往往会让更多的人喜欢你。

面对嘲笑，多点儿雅量

生活是需要睿智的。如果你不够睿智，那至少可以豁达。以乐观、豁达、体谅的心态看问题，就会看出事物美好的一面；以悲观、狭隘、苛刻的心态去看问题，你会觉得世界一片灰暗。

面对他人的嘲笑，聪明女孩儿一定要有胸襟、有雅量，这同时也是一种做人的智慧。

曾任美国总统的福特在大学里是一名橄榄球运动员，体质非常好，他在 62 岁入主白宫时，仍然非常挺拔结实。当了总统以后，他仍滑雪、打高尔夫球和网球。

1975 年 5 月，他到奥地利访问，当飞机抵达萨尔茨堡，他走下舷梯时，他的皮鞋碰到一个隆起的地方，脚一滑就跌倒在跑道上。他跳了起来，没有受伤，但使他惊奇的是，记者们竟把他这次跌倒当成一项大新闻，大肆渲染起来。在同一天里，他又在丽希丹宫的被雨淋湿了的长梯上滑倒了两次，险些跌下来。随即一个奇妙的传说散播开了：福特总统笨手笨脚，行动不灵敏。自访问萨尔茨堡以后，福特每次跌跤或者撞伤头部，记者们总是添油加醋地把消息向全世界报道。后来，竟然反过来，他不跌跤也变成新闻了。哥伦比亚广播公司曾这样报道说："我一直在等待着总统撞伤头部，或者扭伤胫骨，或者受点儿轻伤之类的来吸引读者。"记者们如此的渲染似乎想给人形成一种印象：福特总统是个行动笨拙的人。电视节目主持人还在电视中和福特总统开玩笑，喜剧演员切维·蔡斯甚至在《星期六现场直播》节目里模仿总统滑倒和跌跤的动作。

福特的新闻秘书朗·聂森对此提出抗议，他对记者们说："总统是健康而且优雅的，他可以说是我们能记得起的总统中身体最为健壮的一位。"

"我是一个活动家，"福特抗议道，"活动家比任何人都容易跌跤。"

他对别人的玩笑总是一笑了之。1976年3月，他还在华盛顿广播电视记者协会年会上和切维·蔡斯同台表演过。节目开始，蔡斯先出场。当乐队奏起《向总统致敬》的乐曲时，他"绊"了一脚，跌倒在歌舞厅的地板上，从一端滑到另一端，头部撞到讲台上。此时，每个到场的人都捧腹大笑，福特也跟着笑了。

当轮到福特出场时，蔡斯站了起来，佯装被餐桌布缠住了，弄得碟子和银餐具纷纷落地。蔡斯装出要把演讲稿放在乐队指挥台上，可一不留心，稿纸掉了，撒得满地都是。众人哄堂大笑，福特却满不在乎地说道："蔡斯先生，你是个非常、非常滑稽的演员。"

两个被关在同一间牢房里的人，透过铁窗看外面的世界，一个看到的是美丽神秘的星空，一个看到的是地上的垃圾和烂泥，这就是区别。

面对嘲笑，最忌讳的做法是勃然大怒，大骂一通，其结果只会让嘲笑之声越来越烈。要让嘲笑自然平息，最好的办法是一笑了之。一个有确定目标的人，不会去考虑别人多余的想法，而是有风度、有气概地接受一切非难与嘲笑。唯有小丑式的人物，才会像一只烦人的青蛙一样，整天聒噪不休！

学会比别人先说"是我的错"

没有人敢保证自己不犯错误，有时甚至还一错再错。错误本身并不可怕，可怕的是不知悔改。

如果能坦诚面对错误，再拿出勇气去承认并改正它，那么不仅能弥补错误所带来的不良后果，在今后的工作中更加谨慎，而且有助于在别人心里树立良好形象，从而原谅你的错误。

每个人都喜欢听赞美的话，这是人的天性，哪怕是虚伪的赞美也爱听。忠言逆耳，当有人，尤其是和自己平起平坐的同事对自己狠狠数落一番时，不管那些批评如何正确，大多数人都会感到不舒服。有些人更会拂袖而去，连表面的礼貌功夫也不会做，实在令提意见的同事尴尬万分。这样一来下一次就算你犯更大的错误，相信也没有人敢提醒你了，这岂不是你最大的损失？

如果你总是害怕向别人承认自己曾经的错误，那么，请接受以下这些建议：

（1）即便错了，也不要自责太深，更不要自怨自艾，看轻自己。你应当把这次犯错当作一种新经验，从中吸取教训，获得智慧，吃一堑，长一智。

（2）假若你的错必须向别人交代，与其替自己找借口逃避责难，不如勇于认错，在别人没有机会把你的错到处宣扬之前，对自己的行为负起责任。

（3）在工作上出错时，要立即向领导汇报自己的失误，这样当然有可能会被大骂一顿，但上司会在心中认为你是一个诚实的人，将来或许对你更加倚重。你所得到的可能比你失去的还多。

（4）如果你犯的错误可能会影响其他同事，无论同事是否已经发现这些不利影响，都要赶在同事找你"兴师问罪"之前主动向他道歉、解释，千万不要企图自我辩护，推卸责任，否则只会火上浇油，令对方更加愤怒。

如果你觉得听到人家指出自己的错误是一种耻辱，会令你面红耳赤、无地自容，以下这些建议或许能帮你克服这种心理障碍，慢慢懂得从批评中吸取教训：

（1）要明白，别人的批评无损你的价值，与你意见相左的人并不一定对你有敌意，可能是诤友。

（2）如果别人对你的工作表现颇有微词，你要知道人家是针对事情提出意见，而不是故意与你作对或瞧不起你。

（3）切勿把"我的工作不被接受"理解为"我不被接受"。

每个人都会犯错误，只要遇错能改，必然对你今后的人生大有益处。

洒脱应对同性的嫉妒

嫉妒你的人，可能会千方百计地找出你的不足，让你难堪。可是，这个过程恰好可以让你发现自己更多的不足，从而完善自己。所以，你完全可以将别人的嫉妒当成是促进自己进步的阶梯。

有人说，女人的天敌还是女人。有些年轻女孩儿常常忍受不了其他女孩儿的成功，只要对方有一些方面是强于自己的，就有可能会对其产生一种嫉妒之感。

某大学曾经发生过一个悲惨的故事：一名生物系即将毕业的女研究生，用水果刀将自己的导师刺伤，随即举刀自尽。这位女生自小就有自卑心理，虽然在升学的道路上，她成绩优异、一帆风顺，但她孤僻而善妒的性格始终没有改变。在就读研究生时，她的刻苦精神深得导师器重，但导师更喜欢另一位女生灵活而幽默的性格。于是她妒火中烧，数次在导师面前中伤那位同学。导师明察之后，发现多数事情纯属子虚乌有，便委婉地批评了她。由此，该女生怒不可遏，干出蠢事。

由此可见，嫉妒心是可怕的。为了自己心理上的平衡感，嫉妒者可能会做出一些违反常规的事情。可是，为什么女孩儿对待同性的嫉妒心理会这么强烈呢？

单纯地看女孩儿对于同性的嫉妒，我们就会发现，很多时候她们都是被一种身不由己的心态驱使着。与男性相比，女性要考虑的问题可能会多一些。她们常常要求自己完美，不允许自己有一点儿不足。所以，女性常常将"精装版"的自己展现在别人面前，为了维护自己的形象，她们已经花费了全部的心思，浪费了几乎所有的精力。这个时候，她们的内心是渴望得到别人的肯定和赞扬。这样的心态，使女性对别人的评价太过重视，这是产生嫉妒心理的前提之一。

另外，不少女性是很排外的。即使是最好的朋友圈内，她们也会希望自己才是唯一的主角，其他人都成为自己的陪衬。一旦这样的期待没有实现，还出现了反效果，自己成为别人的配角，这时候，她们的内心就如同经历了一次重大的打击，嫉妒之感由此而生。

作为一个女孩儿，应该怎样克制自己的嫉妒并且应对来自同性的嫉妒呢？

首先，对待自己的嫉妒心理要摆正心态。要常常告诫自己：嫉妒并不能让自己拥有对方的优势，没必要因为别人的好而让自己变得更加不好。

其次，洒脱面对同性的嫉妒，不要因为别人的态度而改变自己。只要掌握了方法，就能控制自己烦忧的情绪，并且弱化别人的嫉妒。

（1）把对方的嫉妒当成同情。别人嫉妒你，说明你在一些方面已经出类拔萃了。如果带着这种心态与之共事，你不会烦躁，反而觉得踏实。久而久之，在工作上，同事间都能坦然相处，你就把她们的嫉妒当作是对你的同情，因为以后你也可能会遭遇类似的事情。这样，必然就不会觉得别人是在刺痛你的神经了。

（2）把利益也分给那些嫉妒你的人。有些女人天生善妒，也天生爱贪小便宜。如果能够分给她们一些利益，从而感化她们，她们就会弱化对你的敌意，甚至可能成为你的朋友。

可见，每个人都可能会遇到同性的嫉妒，但这并不是一个无解的难题。只要能够掌握方法,洒脱面对,一切问题都能迎刃而解。

告别"比较战"

不要再去羡慕别人如何如何,而要好好数数自己的优点,换位思考,你就会发现你所拥有的绝对比没有的要多得多,而缺失的那一部分,虽不可爱,却也是你生命的一部分,接受它并且善待它,就能获得幸福。

生活中的差别无处不在,不少年轻女孩儿在差别中很容易产生攀比的心理。从下面这个故事我们就可以一见端倪。

某日,上帝突发奇想:"假如让世界上的每一位生存者再活一次,他们会怎样选择呢?"于是,上帝授意给世界众生发一问卷,让大家填写。

问卷收回后,上帝大吃一惊。

猫:"假如让我再活一次,我要做一只鼠。我偷吃主人一条鱼,会被主人打个半死。而老鼠呢,可以在厨房翻箱倒柜,大吃大喝,人们对它却无可奈何。"

鼠:"假如让我再活一次,我要做一只猫,吃皇粮,拿官饷,从生到死由主人供养,时不时还有我们的同类给它送鱼送虾,很自在。"

猪:"假如让我再活一次,我要当一头牛。生活虽然苦点儿,但名声好。我们似乎是傻瓜、懒蛋的象征,连骂人也都要说蠢猪。"

牛:"假如让我再活一次,我愿做一头猪。我吃的是草,挤的是奶,干的是力气活,有谁给我评过功、颁过奖?做猪多快活,吃完睡,睡完吃,肥头大耳,生活赛过神仙。"

鹰:"假如让我再活一次,我愿做一只鸡,渴有水,饿有米，住有房，还受主人保护。我们呢，一年四季漂泊在外，风吹雨淋，还要时刻提防冷枪暗箭，活得多累呀！"

鸡："假如让我再活一次，我愿做一只鹰，可以翱翔天空，任意捕兔捉鸡。而我们除了生蛋、打鸣儿外，每天还胆战心惊，怕被捉被宰，惶惶不可终日。"

最有意思的是人的问卷。

不少男人写道："假如让我再活一次，我要做一个女人，可以撒娇、可以邀宠、可以当妃子、可以当公主、可以当太太、可以当姬妾……最重要的是可以支配男人，让男人拜倒在石榴裙下。"

不少女人的答卷上写道："假如让我再活一次，一定要做个男人，可以蛮横、可以冒险、可以当皇帝、可以当王子、可以当老爷、可以当父亲……最重要是可以支使女人。"

上帝看完，气不打一处来："这些家伙只知道盲目攀比，太不知足了！"他一下子把所有问卷都撕得粉碎，厉声喝道："一切照旧！"

攀比心理与不满足心理相伴而生。攀比是不满足的前提和诱因，人们在没有原则、没有节制地比安逸、比阔气中心理失衡，越发不满足。有的人则为自己能在这些错误的攀比中出人头地、占据上风而毫无限度地追求个人名利，进而驱使自己不断走向腐化堕落的深渊。

攀比是一把刺向自己心灵深处的利剑，对人对己毫无益处，伤害的只能是自己的快乐和幸福。

生活中的许多不如意大多源自比较。一味地、盲目地和别人比，造成了心理不平衡，而不平衡的心理使人处于一种极度不安的焦躁、矛盾、激愤之中，令人牢骚满腹、思想压抑，甚至不思进取。表现在工作上就是得过且过，更有甚者会铤而走险、玩火自焚。因此，我们必须保持心理平衡，告别"比较战"。以下几点建议，可以引导你走出心理失衡的误区：

1. 学会和自己进行比较

心理失衡,多是因为选择了错误的比较对象,总与比自己强的人比,总拿自己的弱点与别人的优点比。一定要比的话,就进行纵向比较,和自己比,这样生活可能会多几分动力,多几分激情。

2. 适当地宣泄你的怒火

适当的发泄可以排除内心的怒气,使你重新激发对生活的信心。发泄的方法有很多,可以向朋友、家人倾诉,可以在独处时怒吼,也可以对着某物打上几下,出出怒气。可以在办公室里放上一盆沙子,愤怒时便用力搓沙子,这样既不害人也不伤己,不失为发泄的一个好方法。

3. 寻找一个让心灵宁静的港湾

生活中需要一个能让自己充电、休养的港湾。无聊时去充电,烦恼时去放松。这个港湾可以是一间充满花香的闺房,可以是一个深造提高的培训班,也可以是一次独来独往的旅行。

4. 献出一片爱心

人之行善,并不是体现在喋喋不休的说教中,有时一个小小的善举也可以让你成为拯救他人于苦难的上帝。上帝无处不在,只要我们拥有仁爱之心,用自己的行动去关爱周围的人,就会发现自己离上帝更近了。

5. 到大自然里放松自己

烦闷时不妨到外面走走,回归自然。望着蔚蓝色的天空、朵朵的白云、潺潺的流水,听着那婉转的鸟鸣,心灵会慢慢趋于平静,快意也会在不经意间涌上心头。

不做"复仇女神"

生活,远没有我们想象的那么艰难,并不是每一种伤痛都没有办法忘却。只要你有一颗宽容的心,就一定能看到更为广阔的天地。

年轻女孩儿，在面对别人带来的伤害时，应该选择宽容忍让，还是睚眦必报？有些女孩儿会选择后者，她觉得，谁伤害了她，就理应付出同样的代价，甚至有些偏执的女孩儿还会认为，你伤害了她一次，她就应该伤害你十次，只有加倍的伤痛才会让你吸取教训，才能解她的心头之恨。

人生之中，很多人不会遇到杀父之仇、夺夫之恨，所以即使是有一些牵绊，也没有必要拼个你死我活。其实，有时候一直把仇恨放在心里，总想着对别人报复，反而会让自己失去很多快乐。

一位青年，风华正茂时被人陷害，在牢房里待了6年，后来冤案告破，他终于走出了监狱。他发誓要报复，他有仇恨，可是他不知道陷害自己的人是谁，他还是不甘心。出狱后，青年开始了常年如一日的反复控诉、咒骂："我真不幸，在最年轻有为的时候竟遭受冤屈，在监狱度过本应最美好的一段时光。那样的监狱简直不是人待的地方，狭窄得连转身都困难。唯一的细小窗口里几乎看不到阳光，冬天寒冷难忍，夏天蚊虫叮咬……真不明白，上帝为什么不惩罚那个陷害我的家伙，即使将他千刀万剐，也难解我心头之恨啊！"

40年匆匆而去，在贫病交加中，他奄奄一息。弥留之际，牧师来到他的床边："可怜的人，去天堂之前，忏悔你在人世间的一切罪恶吧……"

此时，病床上的他声嘶力竭地叫喊起来："我没有什么需要忏悔，我需要的是诅咒，诅咒那些施予我不幸命运的人……"

牧师问："您因受冤屈在监狱待了多少年？离开监狱后又生活了多少年？"他恶狠狠地将数字告诉了牧师。

牧师叹息着说："可怜的人，您真是世上最不幸的人，对您的不幸，我真的感到万分同情和悲痛！他囚禁了您区区6年，而当您走出监牢本应获取永久自由的时候，您却用心底里的仇恨、抱怨、诅咒囚禁了自己整整 40 年！"

　　总是想着报复别人，却在不知不觉中浪费了自己的青春和岁月，其中的代价可想而知。其实，报复就好像是在挖两个坟墓，其中的一个通常都留给了自己。因为在选择报复的时候，必定会将所有的精力投放在曾经的伤痛里，使自己的心灵无法获得解脱。

　　一个匈牙利的骑士被一个土耳其的高级军官俘获了。这个军官把他和牛套在一起犁田，而且用鞭子赶着他工作。他所受到的侮辱和痛苦是无法用文字形容的。土耳其军官所要求的赎金出乎意外的高，这位匈牙利骑士的妻子变卖了所有的金银首饰，典当出去他们所有的城堡和田产，他们的许多朋友也募捐了大批金钱，终于凑齐了这个数目。匈牙利骑士终于从羞辱和奴役中获得了解放，但他回到家时已经病得支持不住了。

　　没过多久，国王颁布了一道命令，征集大家去跟敌人作战。这个匈牙利骑士一听到这道命令，再也安静不下来。他无法休息，片刻难安。他叫人把他扶到战马上，气血上涌，顿时就觉得有气力了，而后向前线驰去。他把那位曾把他套在轭下、羞辱他、使他痛苦万分的将军变成了他的俘虏。

　　现在已经是俘虏的那个土耳其军官被带到匈牙利骑士的城堡里，一个钟头后，那位匈牙利骑士出现了。他问土耳其军官说："你想到过你会得到什么待遇吗？""我知道！"土耳其军官说："报复！但是我怎样做你才能饶恕我呢？""一点儿也不错，你会得到报复！"骑士说，"但我已决定宽恕你，放心地回到你的家里，回到你亲爱的人中间去吧。不过请你将来对受难的人温和一些，仁慈一些吧！"

　　土耳其军官忽然大哭起来："我做梦也想不到能够得到这样的待遇！我想我一定会受到酷刑和痛苦的折磨，因此我已经服了毒，过几个钟头毒性就要发作。我必死无疑，一点儿办法也没有！"

当你宽容别人的时候，你就不会感到自己和别人站在敌对的位置，你也不会感觉到，生活中总是存在敌人，而没有朋友了。

人是群居动物，在生存的环境里，不可能互不干扰。如果对于每一件事情都耿耿于怀，那么你永远也不会快乐。人生苦短，所以，女人不要再想着做"复仇女神"了。与其在报复的墓穴里苦苦哀叹，不如用宽容和爱填平墓穴，向快乐的生活前进。

在体谅中经营生活

在现实生活中，我们的家庭是需要"经营"的，而且需要用心经营，否则便没有幸福可言。

在许多童话故事中经常可以看到这样的情节：公主和王子相恋了，然后结了婚，接下来是"从此以后，就过着幸福快乐的生活"了。然而，现实生活并非如此。

江天和方惠是自由恋爱的，后来有情人终成眷属。但是，他们并没有像童话故事那般，从此过上了快乐和幸福的生活。结婚多年，方惠对家庭中那"一地鸡毛"可真是深有感触。

江天在外面时堪称帅哥白领，西服笔挺，可回到家里就原形毕露了，穿着短裤，光着膀子，甚至一天都不梳头、不洗脸。每次看书写文章时，他总是把书和纸摊得满屋都是，把原本整洁的房间弄得乱七八糟，让方惠看到就心烦。好心为他收拾以后，反而引起他的不满，不是哪页纸丢了，就是哪本书不见了，总要和她争得面红耳赤。他睡觉时梦话连连，有时还会"夜半歌声"。有一回睡到半夜，江天不知道梦见了什么暴力事件，突然踹了方惠一脚，差点儿把她踹到床下。这桩桩件件，真是和他有生不完的气。

而江天对妻子也是有一肚子的不满，特别是对妻子每次出门时都拖拖拉拉、磨磨蹭蹭的做法很有意见，虽然嘴上没说，心中却很不舒服，总想找机会刺刺妻子，消消积怨。

有一天晚上，江天买好了妻子最喜欢的音乐会门票，兴冲冲赶到家里时，方惠正在做晚饭。江天一进门就嚷："快，快，别做晚饭了，快换好衣服上路。这是你最喜欢的，应该快点儿了，否则来不及。"方惠听到丈夫把"你最喜欢的"说得特别响，把"应该"与"快"强调得非常突出，感到很不自然，没吭一声，继续做饭。

"嘿，你怎么啦，想不想去啊！"江天看到她没有反应，不由得有点儿急了。"不想。"方惠冷冷地、轻轻地回答。

这下可惹怒了江天，他满心不平，为了她，他下班后急急忙忙赶到音乐厅买票，人多极了，花了九牛二虎之力才买到两张，又怕误时，打了出租车赶回来，到门口时一着急，还差点儿摔了一个跟头，结果落了个吃力不讨好，真倒霉！江天一怒之下，当着妻子的面把门票撕了，丢进了垃圾桶，独自回房看书了。

这以后，类似的矛盾不断发生，而江天和方惠都没有及时想办法解决，最终导致了他们婚姻的解体。

夫妻关系是一个家庭的基础关系，也是家庭关系中最微妙、最难处理的一层。两个原本陌生、没有任何渊源的人，因为情投意合，便共同构筑了一个家庭的城堡。可是，两个人毕竟来自不同的环境，拥有不同的背景，要长期地共同生活在一起，自然会产生许多摩擦与碰撞，引起各种矛盾与冲突。所以，夫妻间有一段不合拍的过程是正常的，为生活琐事拌几句嘴、小打小闹是不可避免的。这时应该学会忍耐，不要互相埋怨、数落对方的不是。当双方发生冲突和摩擦时，要学会彼此谅解，要设身处地地为对方着想，避免自己在情绪恶劣的状态下，做出伤害对方的事情来。

怨恨让女人远离幸福

怨恨，就像一剂慢性毒药，慢慢地侵蚀我们的生活，甚至会慢慢改变一个女人的面容。善良宽容的女人经过岁月的沉淀，越来越温和、宁静，而总是心怀怨气的女人则越来越冷漠，越来越远离幸福。

有些人早晨睁开眼睛就开始发泄怨气了，谁也没招惹她，她就怨老天爷：天这么闷，怎么不下雨呢？夏天就应该有夏天的样子，不下雨算什么夏天？下了雨，她又说，下雨做什么呢？做什么事情都不方便，这鬼天气，还真是不想让人好过……不管是晴天还是雨天，这天气总是她的一块心病。其实不止天气，工作和生活中的不如意事那么多，让她心怀怨气的事情总是没完没了的。

可是，怨恨又有什么用呢？生活还是老样子，不会因为我们的怨恨而改变。只是有一些人养成了凡事都看不顺眼的习惯，不管看什么，都要说上几句，以发泄自己的情绪。他们利用抱怨麻痹自己的心灵，甚至将自己的某些挫折、失误也归咎于外界的因素，寻求别人的同情。可是，生活对待每个人都是有苦也有甜的，同样的事情发生在别人的身上，就什么事情都没有，放在你的身上，就问题一大堆，这是为什么呢？

一位老人，每天都要坐在路边的椅子上，向开车经过镇上的人打招呼、有一天，他的孙女在他身旁，陪他聊天。这时有一位游客模样的陌生人在路边四处打听，看样子想找个地方住下来。

陌生人从老人身边走过，问道："请问大爷，住在这座城镇还不错吧?"

老人慢慢转过来回答:"你原来住的城镇怎么样?"

陌生人说:"在我原来住的地方,人人都很喜欢批评别人。邻居之间常说闲话,总之,那地方让人很不舒服。我真高兴能够离开,那不是个令人愉快的地方。"摇椅上的老人对陌生人说:"那我得告诉你,其实这里也差不多。"

过了一会儿,一辆载着一家人的大车在老人旁边的加油站停下来加油。车子慢慢开进加油站,停在老先生和他孙女坐的地方。

这时,父亲从车上走下来,对老人说道:"住在这市镇不错吧?"老人没有回答,又问道:"你原来住的地方怎样?"父亲看着老人说:"我原来住的城镇每个人都很亲切,人人都愿帮助邻居。无论去哪里,总会有人跟你打招呼,说谢谢。我真舍不得离开。"老人看着这位父亲,脸上露出和蔼的微笑:"其实这里也差不多。"

车子开动了,那位父亲向老人说了声谢谢,驱车离开。等到那家人走远,孙女抬头问老人:"爷爷,为什么你告诉第一个人这里很可怕,却告诉第二个人这里很好呢?"老人慈祥地看着孙女说:"不管你搬到哪里,你都会带着自己的态度:你如果一直怨恨周围的人和环境,那么你的心中就充满了挑剔和不满,可是感恩的人却能够看到人们的可爱和善良。我正是根据两个不同人的心理给出的答案啊!"

心态不同,看到的世界就会不同。如果一个女人的心中只有怨气,那么她的人生则是灰色的,她的目光只会为了生活中的不如意而停留,她的生活总会被烦恼占满,她的心里也会总是被沮丧和自卑充斥着。

不可否认,人生的确少不了磨难,生活的五味瓶里,除了甜,没有什么再是人们的向往,可偏偏酸咸苦辣是生活中不可或缺的,它们才真正丰富了我们的人生。人生需要苦难的洗礼,正是因为那些折磨过我们的人，我们才能在挫折中找到自己的不足，才能逐渐完善自己。

眼前的困难，不会成为你一辈子的障碍。所以，即使现在面临困境，也不要因为悲观而落泪，坚持一下，总会遇到自己的晴天。生命，是苦难与幸福的轮回。只要我们在逆境中也能坚持自己，再苦也能笑一笑，再委屈的事情，也能用博大的胸怀容纳，那么，人生就没有我们过不去的坎儿。

当我们走出生活的阴霾，用乐观的心重新打量这个世界的时候，我们就会发现，原来不是生活不美好，而是我们一直在怨恨中扭曲了自己。

第九章

没有一个肩膀能
代替一双翅膀

梦想是支持自己的力量

一个有了梦想的人，会感到有股强大的力量推着自己不断前进，而促使他们为自己的将来做精心的设计。从没听过任何一个有卓越成就的人是个毫无梦想、毫无计划的人，人生不相信误打误撞。

梦想越高，人生就会越丰富，达成的成就就会越卓绝；梦想越低，人生就会越贫瘠，达成的成就就会越普通。这就是惯常说的："期望值越高，达成期望的可能性越大。"

世界上没有绝对完美的人，成功就是忽略自己的缺点，把自己的优点放大到极致。世界上也没有完全相同的两个人，你的特质是独一无二、绝无仅有、举世无双的。所以相信自己是最特别的，用张扬的个性去展示自己的魅力，不要在乎别人的评价。仔细观察你会发现，所有的成功者都有张扬的个性，一个人的魅力与他个性的张扬程度和他如何看待自己有很大关系。成功人士，都无一例外地相信自己的身价非同一般，并在站立、行走、说话、动作和眼神中展示出这一信念。

这是美国北纽约州小镇上一个女人的故事。她从小就梦想成为最著名的演员。18岁时，在一家舞蹈学校学习三个月后，她母亲收到了学校的来信："众所周知，我校曾经培养出许多在美国甚至在全世界著名的演员，但是我们从没见过哪个学生的天赋和才能比你的女儿还差，她不再是我校的学生了。"

被退学后的两年，她靠干零活谋生。工作之余她申请参加排练。排练没有报酬，只有节目公演了才能得到报酬，但是她参加排练的每个节目都能公演。

两年以后，她得了肺炎。住院三周以后，医生告诉她，她以后可能再也不能行走了，她的双腿已经开始萎缩了。已是青年的她，带着演员梦和病残的腿，回家休养。

她始终相信自己有一天能够重新走路。经过两年的痛苦磨炼，无数次的摔倒，她终于能够走路了。又过了18年——整整18年！她还是没有成为她梦想中的演员。

在她已经40岁的时候，她终于获得了一次扮演一个电视角色的机会。这个角色对她非常合适，她成功了。在艾森豪威尔就任美国总统的就职典礼上，有2900人从电视上看到了她的表演；英国女王伊丽莎白二世加冕时，有3300人欣赏了她的表演……到了1953年，看过她表演的人超过了4000万。

这就是露茜丽·鲍尔的电视专辑。观众看到的不是她早年因病致残的跛腿和一脸的沧桑，而是一位杰出的女演员的天才和能力，看到的是一位不言放弃的人，一位战胜了一切困苦而终于取得成就的大人物。

这个世界上，最悲哀的人就是对生活没有梦想的人。一个没有梦想的人是没有灵魂的生命，生活对于他们来讲只是空虚、寂寞的，他们不知道用梦想来充实自己的内心世界。

有了梦想的人从不会产生悲观厌世的念头，他们更不会有空去想怎么消遣无聊的岁月。因为在他们看来，时间只怕不够实现梦想，哪里有那么多可以虚度的年华呢？

梦想是绚烂的、多彩的，就好像彩虹边上的零星几点，虽然不一定耀眼，却是一种浪漫，一种希望。一个有了梦想的人会无比坚定、坚强，面对逆境也不会恐惧。一个不会抱憾的人生是充满梦想的光环，再加上辛勤的汗水，有一点儿辛酸的泪水做调料的道路，我们会始终带着鲜花般的心情上路。

梦想有多大，舞台就有多大

梦想有多大，舞台就有多大。正如华兹华斯所说的："一个崇高的目标，只要不渝地追求，就会成为壮举；在它纯洁的目光里，一切美德必将胜利。"

心存梦想的女人，一定要坚持自己的梦想，不要怀疑梦想的力量，它能激发你潜藏的能量，让你登上成功的高峰。当然，梦想需要你尽情发挥，如果你在梦想之前就开始给自己设置障碍，不断地否定和怀疑，你的舞台也将永远没有别人的华丽。而相反，如果你坚信自己的梦想，并且为它付出足够的努力，你就会看到梦想的奇迹。

60多年前，在美国三藩市，一位演员喜得贵子。由于父亲是演员，这个男孩儿从小就有了跑龙套的机会，他渐渐产生了当一名演员的梦想。他在一张便笺上写下了这样一段话："我，布鲁斯·李，将会成为全美国最高薪酬的超级巨星。作为回报，我将奉献出最激动人心、最具震撼力的演出。从1970年开始，我将会赢得世界性声誉；到1980年，我将会拥有1000万美元的财富，那时候我及家人将会过上愉快和谐、幸福的生活。"

当时，他过得穷困潦倒。这张便笺引来的是白眼和嘲笑。然而，他却牢记着便笺上的每一个字，克服了无数次常人难以想象的困难。甚至在重伤后只用了4个月就从病床上奇迹般地站了起来。

20世纪70年代初，他主演的《猛龙过江》等几部电影都刷新了中国香港票房纪录。1972年，他主演了香港嘉禾公司与美国华纳公司合作的《龙争虎斗》，这部电影使他成为一名国际巨星——被誉为"功夫之王"。1998年，美国《时代》周刊将其评为"20世纪英雄偶像"之一，他是唯一入选的华人。他就是

"最被欧洲人认识的亚洲人"——李小龙，一个迄今为止在世界上享誉最高的华人明星。1973年7月，李小龙英年早逝。在美国加州举行的李小龙遗物拍卖会上，这张便笺被一位收藏家以29万美元的高价买走，同时，2000份获准合法复印的副本也当即被抢购一空。

只要敢于挣脱平庸命运的摆弄，大胆追梦，人生将会出现另一种辉煌与多彩。我们每个人都应相信自己，相信我们本身就是梦想大厦的设计师和建筑家。

在你通向梦想的道路上会遭遇很多挫折，会有人嘲笑你甚至阻拦你。而更多时候是你自己给自己的梦想套上了沉重的枷锁。你会受到他人的影响，也会怀疑自己的能力，从而放弃了梦想。而那些最终实现梦想的人绝对是心地纯净没有杂念的人，他们不相信别的，只做自己梦想的信徒。

人是有潜力的，当我们抱着必胜的信心去迎接挑战时，我们就会挖掘出连自己都想象不到的潜能。如果没有梦想，潜能就会被埋没，即使有再多的机遇等着我们，我们也可能会错失良机。

不要遗忘年少的梦想

梦想的魔力是巨大的，但梦想也是最容易被人遗忘的。不管当初的梦想多么绚丽多姿，如果你不紧盯着它，时间就会褪去它的颜色。

女人是喜欢梦想的动物。当还是小女孩儿的时候，她们的梦想是有许多糖果、许多蝴蝶结、许多洋娃娃……当女人长成亭亭玉立的少女，她们的梦想是变成灰姑娘，等待着一个白马王子前来娶她。当她长大成人，历经生活的磨炼，但她们依然有梦想，梦想成为了她们追寻美好生活的动力。

儿时的梦想总是千姿百态又千变万化的，它受到社会环境的影响。有的梦指向的是事业和责任，这种梦想我们更倾向于称它为"理想"。而有的梦想呢，纯属是个人的喜好和憧憬，说不出它有什么伟大之处，甚至"渺小"得不足挂齿，比如喜欢雕刻、插花、养鱼、给布娃娃设计小衣服，等等。这些梦想很小，对于女人却意义非凡。男人也许有了理想就有了一切，但女人不行，保家卫国之类的理想对于女人来说太抽象，女人骨子里都是浪漫感性的，她们更倾向于在"微观"的小事物上寻找自己的快乐，就好比小女孩儿们常常会一个人抱着洋娃娃玩上一天依然兴味十足。

很多人在成长的过程中丢失了自己的梦想，等到垂垂老矣才发现，梦想已被丢在青春年少时。我们询问小孩子梦想是什么，十个中有九个会答"将来做个科学家"，但最终成为科学家的往往只有一个。不只是关于科学家的梦想，还有很多梦想被我们遗忘了，而只有那些把梦想记了一辈子的人实现了梦想。

有个叫布罗迪的英国教师，在整理阁楼上的旧物时发现了一叠作文簿，它们是皮特金中学 B（2）班 31 位孩子的春季作文，题目叫《未来我是……》。他本以为这些东西在德军空袭伦敦时被炸飞了，没想到它们竟安然地躺在自己家里，并且一躺就是 25 年。

布罗迪随便翻了几本，很快被孩子们千奇百怪的自我设计迷住了。比如，有个叫彼得的学生说，未来的他是海军大臣，因为他擅长游泳；还有一个说，自己将来必定是法国总统，因为他能背出 25 个法国城市的名字；还有一个叫戴维的盲学生，认为将来自己必定是英国的一个内阁大臣。总之，31 个孩子都在作文中描绘了自己的未来，五花八门，应有尽有。

布罗迪读着这些作文，突然有一种冲动——把这些本子重新发到同学们手中，让他们看看现在的自己是否实现了 25 年前的梦想。当地一家报纸得知他的这一想法，为他发了一则启事。

没几天，书信从四面八方向布罗迪飞来。他们中间有商人、学者及政府官员，更多的是普通人，他们都表示，很想知道儿时的梦想，并且很想得到那本作文簿。布罗迪按地址一一给他们寄去。

后来布罗迪收到内阁教育大臣布伦克特的一封信，信中说："那个叫戴维的就是我，感谢您还为我们保存着儿时的梦想。不过我已经不需要那个本子了，因为从那时起，我的梦想就一直在我的脑子里，我没有一天放弃过；25年过去了，可以说我已经实现了那个梦想。今天，我还想通过这封信告诉其他30位同学，只要不让年轻时的梦想随岁月飘逝，成功总有一天会出现在你的面前。"

布伦克特的梦想始终牢记在他的心中，他的很多同学则忘记了当初的梦想。遗忘有很多原因，其中最大的就是拖延。如果你打算用你的白日梦和你从没按时履行过的计划表来实现梦想，等待你的只有生命的损耗和机会的擦肩而过。

爱默生曾说："紧驱他的四轮车到别的星球上去的人，倒比在泥泞的道上追踪蜗牛行迹的人，更容易达到他的目标！"当你准备把今天的事情放到明天去做时，你应该想想到底还有多少明天在等着你，到底有多少机会在等着你，今天的太阳明天还会升起吗？梦想也有保质期，不要用拖延让你的梦想变质。永远重视今天，从今天开始行动。只有这样，你才不会在丢失梦想以后为自己惋惜。

别让梦想停留在20层

对于女人来说，梦想是美丽的衣裳，有梦想的女人才不会被现实的冷酷和无味榨干青春，有梦想的女人才不会被琐碎的生活磨掉激情。

有一对姐妹，家住在 80 层楼上。有一天她们外出旅行回家，发现大楼停电了！于是她们决定爬楼上去。爬到 20 楼的时候她们开始累了，姐姐说："包太重了，我们把包放在这里，等来电后坐电梯来拿。"于是，她们把行李放在了 20 楼，轻松多了，继续向上爬。

她们有说有笑地往上爬，但是好景不长，到了 40 楼，两人实在累了。想到还只爬了一半，两人开始互相埋怨，指责对方不注意大楼的停电公告，才会落得如此下场。她们边吵边爬，就这样一路爬到了 60 楼。到了 60 楼，她们累得连吵架的力气也没有了。妹妹对姐姐说，"我们不要吵了，爬完它吧。"于是她们默默地继续爬楼，终于 80 楼到了！兴奋地来到家门口，姐妹俩才发现她们把钥匙留在了 20 楼的包里了……

有人说，这个故事其实就是反映了我们的人生：20 岁之前，我们活在家人、老师的期望之下，背负着很多的压力、包袱，自己也不够成熟、能力不足，因此步履难免不稳。20 岁之后，离开了众人的压力，卸下了包袱，开始全力以赴地追求自己的梦想，就这样愉快地过了 10 年。可是过了 30 岁，发现青春已逝，不免产生许多的遗憾和追悔，于是开始遗憾这个、惋惜那个、抱怨这个、嫉恨那个……就这样在抱怨中度过了几十年。到了 60 岁，发现人生已所剩不多，于是告诉自己不要再抱怨了，就珍惜剩下的日子吧！于是默默地走完了自己的余生。到了生命的尽头，才想起自己好像有什么事情没有完成。

原来，我们所有的梦想都留在了 20 岁的青春岁月，还没有来得及完成……

相信每个女人都曾有过自己的梦想，可随着年岁逐增，物质、金钱、家庭等的"大事"让她们抛弃了曾经的梦想。

梦想是值得珍惜的。梦想是心灵的花蕾，女人一定要在生活中坚守一份自己的梦想，并且为之努力，它定将带给你丰厚的回报！

让梦想轻舞飞扬

开启内心对成功的渴望，在心底种下一粒梦想的种子，用坚韧给它浇水，用乐观给它施肥。人生还没有走到终点，即使一个小小的努力，一点点的进取，也能让梦想轻舞飞扬。

井底之蛙总是看不到高远的蓝天。就好像《庄子》开篇那个名为"小大之辩"的文章：说北方有一个大海，海中有一条叫作鲲的大鱼，宽几千里，没有人知道它有多长；又有一只鸟，叫作鹏，它的背像泰山，翅膀像天边的云，飞起来，乘风直上九万里的高空，超绝云气，背负青天，飞往南海。

蝉和斑鸠讥笑说："我们愿意飞的时候就飞，碰到松树、檀树就停在上边；有时力气不够，飞不到树上，就落在地上，何必要高飞九万里，又何必飞到那遥远的南海呢？"

那些心中有着远大理想的人常常是不能为常人所理解的，就像目光短浅的麻雀无法理解大鹏鸟的鸿鹄之志，更无法想象大鹏鸟靠什么飞往遥远的南海。因而，像大鹏鸟这样的人必定要比常人忍受更多的艰难曲折，忍受心灵上的寂寞与孤独。因此，他们必须要坚强，把这种坚强潜移到他的远大志向中去，这就铸成了坚强的信念。这些信念熔铸而成的理想将带给大鹏一颗伟大的心灵，而成功者正脱胎于这些伟大的心灵。

在《现代妇女》杂志中刊载过这样一篇文章：

在女孩儿很小的时候，父亲就抛弃了她和母亲。坚强刚毅的母亲将女儿送进了一所舞蹈学校。高昂的学费并未吓倒母亲，她四处打工挣钱。7岁的女孩儿看见母亲整日忙碌和疲惫的身影，就会忍不住流泪。

从此，她训练比别的孩子勤奋，她吃的苦比别的孩子多，但她流的泪和抱怨的话却比别的孩子少。几年后，她成了最出色的学员，并开始登台表演。

可命运捉弄人，当女孩儿出落成亭亭玉立的少女时，身体却出了毛病：骨形不正，腰椎突出。这对舞蹈演员来说，是致命的一击。是退缩还是坚持？女孩儿选择了后者。她忍受疼痛的折磨，在身上装上一个校正仪，继续她的舞蹈。她的努力和刚强没有白付出，国家舞蹈团招收了她，她很快成了领舞。后来，她的足迹遍布世界各地，她优美的舞姿倾倒了无数观众。

她就是西班牙国家舞蹈团的常青树，享誉世界的弗拉门戈舞皇后阿伊达·戈麦斯。曾经她来中国巡演时，记者问她："面对贫穷和不幸，面对病痛与磨难，你是如何理解人生的？"已在舞台上奋斗了40余年的阿伊达，笑容依旧美丽迷人，她说："在我眼里，除了战争和死亡，别的都不能叫不幸。活着就像在舞蹈，一个有梦并愿为此追求一生的人，没有什么东西能阻挡住她。我会永远地跳下去，直到跳不动那天为止。"

活着就像在舞蹈，只要有了对成功的渴望和信念，就一定能够战胜困难，走向梦想的巅峰。可是很多人却忽略了自己的内心，忽略了对生活最真实的渴望。这个狂欢享乐的时代，浮躁焦灼之气弥漫全身，虽然还是年轻的身体，但心灵已被各种尘器完全占据。

"就随波逐流吧，总会有一个属于自己的位置。"年轻人，就是这么告诉自己。可是你的人生就仅仅限于眼前的安稳享乐？你的心灵就只能安放在物欲的罗网里，从此失去了前行的方向？

尽管命运将女人推向了时代的巅峰，但是女人要找到属于自己的精彩。坚定自己的梦想，认真前行，你就会让自己的梦想轻舞飞扬。

决心和行动之间的距离越短越好

一日有一日的理想和决断，昨日有昨日的事，今日有今日的事，明日有明日的事。今日的理想，今日的决断，今日就要去做，一定不要拖延到明日，因为明日还有新的理想与新的决断。

任何女人想成大事，都需要具备这种紧迫感。缩短决心和行动之间的距离，而不是以"万事俱备，只欠东风"的借口来推迟行动，那样的话，一切都将成为空谈。生活中总有这样的女人：有着很多憧憬、理想和计划，但却不能够按照自己的想法和规划马上去做！有了好的计划后，不去迅速地执行，而是一味地拖延，就会让一开始充满热情的事情冷淡下去，使幻想逐渐消失，使计划最终破灭。这种行为就是拖沓，也就是说可以完成的事不立即完成，今天推明天，明天推后天。就好像许多大学生奉行"今天不为待明朝，车到山前必有路"一样。结果，事情没做多少，青春年华却在这无休止的拖拉中流逝殆尽了。

安妮是大学里艺术团的歌剧演员。在一次校际演讲比赛中，她向人们展示了一个最为璀璨的梦想：大学毕业后，先去欧洲旅游一年，然后要在纽约百老汇中成为一名优秀的主角。

当天下午，安妮的心理学老师找到她，尖锐地问："你今天去百老汇跟毕业后去有什么差别？"安妮仔细一想："是呀，大学生活并不能帮我争取到去百老汇工作的机会。"于是，安妮决定下学期就去百老汇闯荡。

老师紧追不舍地问："你下学期去跟今天去，有什么不一样？"安妮激动不已，她情不自禁地说："好，给我一个星期的时间准备一下，我就出发。"老师步步紧逼："所有的生活用品在百老汇都能买到，你一个星期以后去和今天去有什么差别?"

安妮终于双眼盈泪地说:"好，我明天就去。"老师赞许地点点头。第二天，安妮就飞赴全世界最巅峰的艺术殿堂——美国百老汇。当时，百老汇的制片人正在酝酿一部经典剧目，几百名各国艺术家前去应征主角。按当时的应聘步骤，是先挑出10个左右的候选人，然后让他们每人按剧本的要求演绎一段主角的对白。这意味着要经过百里挑一的两轮艰苦角逐才能胜出。安妮到了纽约后，费尽周折从一个化妆师手里要到了将排的剧本。这以后的两天中，安妮闭门苦读，悄悄演练。正式面试那天，安妮是第48个出场的，当制片人要她说说自己的表演经历时，安妮粲然一笑。而当制片人听到传进自己鼓膜里的声音，竟然是将要排演的剧目对白，而且，面前的这个姑娘感情如此真挚，表演如此惟妙惟肖时，他惊呆了!他马上通知工作人员结束面试，主角非安妮莫属。就这样，安妮来到纽约的第一天就顺利地进入了百老汇，穿上了她人生中的第一双红舞鞋。

故事中的安妮有贵人指点，懂得了有梦想更要靠行动来实现这个道理。但是生活中就是有这样一种女人，她们在做事的过程中养成了拖延的习惯。放着今天的事情不做，非得留到以后去做，其实在拖延中耗去的时间和精力，就足以把今日的工作做好。所以，把今日的事情拖延到明日去做，实际上是不合算的。有些事情在当初做会感到快乐、有趣，如果拖延了几个星期再去做，便感到痛苦、艰辛了。

所以，女性朋友们一定要记住，请时刻做好起跑的准备，不要让今天的信函等到明天才寄出。

成功在于谁真的去做了

这个世界不缺乏机遇，缺少的是抓住机遇的手，如果你有想法就要赶紧去做，别担心失败或困难重重，人都是在不断地跌倒与爬起中学会走路的，在不停地实践与追求中，你就能超越自我，成为一块闪亮耀眼的真金。

女人是感性的，经常头脑中浮想联翩。梦想自己拥有一份体面的工作，梦想自己得到白马王子的追求，梦想自己就是高贵的公主。白日梦谁都会做，关键是要有所行动，否则，光是有想法就能成功，那世界上岂不人人都是亿万富翁了？

正如英国前首相本杰明·迪斯雷利指出的，虽然行动不一定能带来令人满意的结果，但不采取行动就绝无满意的结果可言——你需要的不只是梦想，你还要付出切切实实的努力。有了想法就去做，这样你才能成功。

有一位名叫莱温的美国女人，她的父亲是芝加哥有名的牙科医生，母亲在一家声誉很高的大学担任教授。她的家庭对她有很大的帮助和支持，她完全有机会实现自己的理想。她从念中学的时候起，就一直梦想当电视节目主持人。她觉得自己具有这方面的天赋，因为每当她和别人相处时，即使是生人也都愿意亲近她并和她长谈。

但是，她为这个理想什么也没有做！她在等待奇迹出现，希望一下子就能当上电视节目的主持人。

莱温不切实际地期待着，结果什么奇迹也没有出现。

另一个名叫海伦的女人却实现了这个理想，成了著名的电视节目主持人。海伦之所以会成功，就是因为她知道"天下没有免费的午餐"，一切成功都要靠自己的努力去争取。她不像莱温那样有可靠的经济来源，所以没有白白地等待机会出现。她白天去打工，晚上在大学的舞台艺术系上夜校。毕业之后，她开始谋职，跑遍了芝加哥每一个广播电台和电视台。但是，每个经理对她的答复都差不多："不是已经有几年经验的人，我们一般不会雇用的。"

海伦没有退缩，也没有等待机会，而是继续走出去寻找机会。她一连几个月仔细阅读广播电视方面的杂志，最后终于看到一则招聘广告：北达科他州有一家很小的电视台招聘一名预报天气的女主持人。

海伦在那里工作了两年，之后又在洛杉矶的电视台找到了一个工作。又过了 5 年，她终于成为了她梦想已久的节目主持人。

为什么会这样呢？因为莱温在 10 年当中，一直停留在幻想中，坐等机会；而海伦则采取行动，最后，终于实现了理想。

成功不在难易，而在于"谁真正去做了"。梦想是心灵的翅膀，只有付诸行动才能让自己腾飞，所有拥有美丽梦想的女子们，快快行动起来吧，不要让梦想只在你脑海中浮动，用行动证明你梦想的可能性！

为自己打工，养成认真的做事风格

在一个聪明人看来，先问付出、再问回报才是正确的选择，先为企业多作贡献、水涨自然船高。企业的水不涨，员工的船自然无法前行。

女人们，你有没有想过——自己工作是为了什么？

为了老板，为了薪水，为了面包，为了生存，为了养家糊口，为了……

答案五花八门，但是却没有一个选项是留给自己的。

一个女人应该明白，在你工作的时候，你是在为自己工作，自己进步了，能力提升了，你才会有更大的发展空间；你在为公司工作，没有公司与团队的支持，你就失去了实现自我的舞台；你也是为了责任而工作，没有责任，人生会失去支点。

汉斯和诺恩同在一个车间里工作，每当下班的铃声响起，诺恩总是第一个换上衣服，走出厂房；而汉斯则总是最后一个离开，他十分仔细地做完自己的工作，并且在车间里走一圈，确认没有问题后才关上大门。

有一天，诺恩和汉斯在酒吧里喝酒，诺恩对汉斯说："你让我们感到很难堪。"

"为什么？"汉斯有些疑惑不解。

"你让老板认为我们不够努力。"诺恩停顿了一下又说，"要知道，我们不过是在为别人打工，不值得这么卖命。"

"是的，我们是在为老板打工，但也是在为自己打工。"汉斯的回答十分肯定有力。

"我不过是在为老板打工。"这种想法有很强的代表性，在许多人看来，工作只是一种简单的雇佣关系，做多做少、做好做坏对自己意义并不大。其实这种想法是完全错误的。建议从现在开始，把这种荒谬的想法扔到垃圾堆里。

工作不是为了老板，如果你始终认为你的工作只是应付老板，那你可能永远处于一种从属的地位，无法真正地认真工作。

有一个年轻人取得博士学位后，总是因工作岗位与自己的学历不相符，每天都奔波在求职的路上。最后，为了生计，他在一家制造燃油机的企业担任质检员，薪水比普通工人还低。工作半个月后，他发现该公司生产成本高，产品质量差，于是他便不遗余力地说服公司老板推行改革以占领市场。

身边的同事对他说："你看你的薪水，你为什么要这么卖劲儿？"

他笑道："我这样是为我自己工作，我很快乐。"

几个月的改革使企业的利润增加了几千万美元，这个年轻人也因此晋升为副经理，薪水增加了几倍。

那些整日忙于抱怨的人没有时间和精力认认真真做好现在的工作，以致工作常常出现问题，使得上司不敢把重要的工作委托给他们。

　　成功者的经验告诉女人，不管你的能力有多强，你都必须从最基础的工作做起，脚踏实地地走好每一步。职场永远不会有一步登天的事情发生，任何人要想脱颖而出，唯一的机会就是把现在的工作做好，在普通平凡的工作中创造奇迹。

不糊弄工作，合格是最低的要求

　　一般人认为还可以接受的水准，对于认真工作、渴望成功的人而言，却是无法接受的低标准，他们会努力超越其他人的期望。在这样的追求过程当中，只要不是出类拔萃的表现，都不可能让人获得满足、让人心安理得。

　　两匹马各拉一辆木车。前面的一匹走得很好，而后面的一匹常停下来东张西望，显得心不在焉。

　　于是，人们就把后面一辆车上的货挪到前面一辆车上去。等到后面那辆车上的东西都搬完了，后面那匹马便轻快地前进，并且对前面那匹马说："你辛苦吧、流汗吧，你越是努力干，人家越是要折磨你，真是个自找苦吃的笨蛋！"

　　来到车马店的时候，主人说："既然只用一匹马拉车，我养两匹马干吗？不如好好地喂养一匹，把另一匹宰掉，总还能拿到一张皮吧。"于是，主人把这匹懒马杀掉了。

　　把马换成人，雇主肯定会把不称职的员工解雇。而剩下的那匹马，似乎表现得"自讨苦吃"，但后来却成为主人不可替代的拉车马匹。

　　职场很多人也像这匹马一样，经常偷懒，糊弄工作，我们称之为磨洋工。对于工作，敷衍了事，总是觉得做与不做一样，差不多就行了。

　　著名企业家奥·丹尼尔在《员工的终极期望》中这样写道："亲爱的员工，我们之所以聘用你，是因为你能满足我们一些紧迫的需求。如果没有你也能顺利满足要求，我们就不必费这个劲了。但是，我们深信需要有一个拥有你那样的技能和经验的人，并且认为你正是帮助我们实现目标的最佳人选。于是，我们给了你这个职位，而你欣然接受了。谢谢！

"在你任职期间，你会被要求做许多事情：一般性的职责，特别的任务，团队和个人项目。你会有很多机会超越他人，显示你的优秀，并向我们证明当初聘用你的决定是多么明智。

"然而，有一项最重要的职责，或许你的上司永远都会对你秘而不宣，但你自己要始终牢牢记在心里，那就是企业对你的终极期望——'永远做非常需要做的事，而不必等待别人要求你去做。'

这个被奥丹尼称为终极期望的理念蕴含着这样一个重要的前提：企业中每个人都很重要。作为企业的一份子，你绝对不需要任何人的许可，就可以把工作做得漂亮出色。无论你在哪里工作，无论你的老板是谁，管理阶层都期望你始终运用个人的最佳判断和努力，为了公司的成功而把需要做的事情做好，而不糊弄工作。

有一个偏远山区的小姑娘到城市打工，由于没有什么特殊技能，于是选择了餐馆服务员这个职业。在常人看来，这是一个不需要什么技能的职业，只要招待好客人就可以了。许多人已经从事这个职业多年了，但很少有人会认真投入这个工作，因为这看起来实在没有什么需要投入的。

这个小姑娘恰恰相反，她一开始就表现出了极大的耐心，并且彻底将自己投入到工作之中。一段时间以后，她不但能熟悉常来的客人，而且掌握了他们的口味，只要客人光顾，她总是千方百计地使他们高兴而来，满意而去。她不但赢得顾客的交口称赞，也为饭店增加了收益——她总是能够使顾客多点一两道菜，并且在别的服务员只照顾一桌客人的时候，她却能够独自招待几桌客人。

就在老板逐渐认识到其才能，准备提拔她做店内主管的时候，她却婉言谢绝了这个任命。原来，一位投资餐饮业的顾客看中了她的才干，准备投资与她合作，资金完全由对方投入，她负责管理和员工培训，并且郑重承诺：她将获得新店25%的股份。

现在，她已经成为一家大型餐饮企业的老板。

一个普通的餐馆务员之所以能够脱颖而出，关键在于在本职工作之外，她思考更多的是如何完善服务和实现服务的突破，而不是只达到一个最低的标准，只做一些老板交代的事。

如果公司的员工只做老板吩咐的事，老板没交代就被动敷衍，糊弄自己的工作，那么这样的公司是不可能长久的，这样的员工也不可能有大的发展。今天，对于许多领域的市场来说，激烈的竞争环境、越来越多的变数、紧张的商业节奏，都要求员工不能事事等待老板的吩咐。那些只依靠员工把老板交代的事做好的公司，就好像站在危险的流沙上，早晚会被淘汰。

所以，女人要想在职场中开辟出一番自己的天地，就需要不断提升自己的标准，把工作做得更完美。

对自己所做的一切负责

责任就是对自己要去做的事情有一种爱。因为这种爱，所以责任本身就成了生命意义的一种体现，就能从中获得心灵的满足。

人活在世上，不免要承担各种责任——家庭、亲戚、朋友、国家、社会。

一个不爱家庭的人怎么会爱他人和事业？一个在人生中随波逐流的人怎么会坚定地负起生活中的责任？这样的人往往是把责任看作是强加给他的负担，看作是个人纯粹的付出而索取相应回报。

　　女人要想获得成功，就要努力培养自己的责任心，要对自己所做的一切负责，去爱你所做的，用心去完成自己的使命。否则在人生路上你很难得到自己想要的幸福。

　　在一个风和日丽的下午，一群孩子在公园里做游戏。在这个游戏中，有人扮演将军，有人扮演上校，也有人扮演普通士兵。有个小男孩儿抽到了士兵的角色，他要接受所有长官的命令，而且要按照命令丝毫不差地完成任务。

　　"现在，我命令你去那个堡垒旁边站岗，没有我的命令不准离开。"扮演上校的孩子指着公园里的垃圾房神气地对小男孩儿说。

　　"是的，长官。"小男孩儿快速、清脆地答道。

　　接着，"长官"们离开现场，男孩儿来到垃圾房旁边，立正，站岗。

　　时间一分一秒地过去了，小男孩儿的双腿开始发酸，双手开始无力，天色也渐渐暗下来，却不见"长官"来解除任务。

　　一个路人经过，看到正在站岗的小男孩儿，惊奇地问道："你一直站在这里干什么呢？下午进公园的时候我就看见你了。"

　　"我在站岗，没有长官的命令，我不能离开。"小男孩儿答道。

　　"你，站岗？"路人哈哈大笑起来，"这只是游戏而已，何必当真呢？"

　　"不，我是一名士兵，要遵守长官的命令。"小男孩儿答道。

　　"可是，你的小伙伴们可能已经回家了，不会有人来下命令了，你还是回家吧！"路人劝道。

　　"不行，这是我的任务，我不能离开。"小男孩儿坚定地回答。

　　"好吧。"路人实在是拿这个倔强的小家伙没有办法，他摇了摇头，准备离开，"希望明天早上到公园散步的时候，还能见到你，到时我一定跟你说声'早上好'。"他开玩笑地说道。

听完这句话，小男孩儿开始觉得事情有一些不对劲：也许小伙伴们真的回家了。于是，他向路人求助道："其实，我很想知道我的长官现在在哪里。你能不能帮我找到他们，让他们来给我解除任务。"

路人答应了。过了一会儿，他带来了一个不好的消息：公园里没有一个小孩。更糟糕的是，再过几分钟这里就要关门了。

小男孩儿开始着急了。他很想离开，但是没有得到离开的准许。难道他要在公园里一直待到天亮吗？

正在这时，一位军官走了过来，他了解情况后，脱去身上的大衣，亮出自己的军装和军衔。接着，他以上校的身份郑重地向小男孩儿下命令，让他结束任务，离开岗位。

这个男孩儿日后成了军队领袖。

责任无处不在，不管是一个看似幼稚可笑的游戏，还是一个严肃认真的任务，你在执行的过程中都应该意识到自己的责任。

每一个女人在生活中都扮演着不同的角色，一个角色就是一块责任地，从某种意义上说，角色饰演得是否成功就取决于你对职责的履行程度。社会是一个有着千丝万缕联系的复杂系统，无论你担任何种职务、从事什么工作，你对他人都负有不可推卸的责任，这是社会法则、是道德法则、是心灵法则。正视责任，让我们在绝望时绝不放弃。因为我们的努力和坚持不仅仅是为了自己，还是为了别人。

一盎司的忠诚相当于一磅的智慧

即便你的专业知识水平很高，但是如果你忠诚度不够，你想进入的集体还是会把你拒之门外，因为"不忠诚"给集体带来的损失要远远大于你可能给集体创造的价值。

忠诚是指个人对国家、对人民、对事业、对上级、对朋友等真心诚意，尽心尽力，没有二心。忠诚代表着诚信、守信和服从。作为领导者，谁不希望自己的下属忠心耿耿？作为朋友，谁不希望自己的伙伴忠心耿耿？作为夫妻，谁不希望自己的"另一半"对自己忠心耿耿？在一个团队中，忠诚的人比有能力的人更具有吸引力。

1933 年，正当经济危机在美国蔓延之时，哈理逊纺织公司因一场大火几乎将公司所有"财产"化为灰烬。3000 名员工悲观地回到家，等待董事长宣布破产和失业风暴的来临。可不久他们收到了公司向全体员工支薪一个月的通知。一个月后，正当他们为下个月发愁时，他们又收到了一个月的工资。在失业席卷全国，人人生计无着之时，能得到如此照顾，员工们感激万分。于是，他们纷纷涌向公司，自发清理废墟，擦洗机器。员工们使出浑身解数，日夜不停地卖力工作，恨不得一天干 25 个小时。3 个月后，公司重新运转起来。当地报纸惊呼：企业对员工的忠诚换来的是员工对企业的忠诚，这是忠诚创造出的奇迹！

现在的社会变得越来越群体化，我们工作生活在一个又一个或大或小的集体里。既然是集体，那么每个人都要对集体负责，都要对集体忠诚，这样集体才能得到健康的发展，我们个人的价值也能得以体现。任何一个集体都不会欢迎朝三暮四、见异思迁的人加入，他们希望得到的，是那些能够把集体当成自己的家，把集体的事业当成自己的事业的人。所以，团体成员在考察一个人能否加入自己的团队的时候，"是否忠诚"已经成了一个重要的考核指标。

交际亦是如此。如果你想结交更多的真心朋友，就要与人坦诚相待。朋友之所以能够相互联系密切，靠的是信任，但谁会信任一个不忠诚的人呢？一个人拿着朋友的隐私到处传播炫耀，完全忘记了对朋友保密的承诺；面对面时说朋友百般好，背过身去又说朋友百般不是，这样的人最终会失去所有的朋友。

没有了朋友，他的交际范围也就萎缩成自己一个点了。当然，忠诚不是单向的，而是双向的。如果你的上司对你不忠诚，你就没有必要为他拼死拼活地卖命；如果你的朋友对你不忠诚，你就有必要将他剔除出可信赖的朋友的名单。

我们待人接物，不要因为他人的背叛而放弃了自己的忠诚，女人要时刻记住阿尔伯特·哈伯德说的这句话："如果能捏得起来，一盎司忠诚相当于一磅智慧。"

第十章

以花开的姿态，迎接
生命的逆流

命运出错时,坚强是人生天平最重的砝码

生活不是设定好的旅途,一切都能尽在你的掌握之中。在你的人生道路上可能存在着挫折甚至灾难,你是选择软弱地承受,还是坚强地面对? 命运出错,你不能错,选择坚强,你才为自己的人生天平选择了最重的砝码。

幸福的人生是类似的,不幸的生活各有各的不幸。命运不是早就调整好的精密仪器,它偶尔也会犯错。这个时候,苦难就降临到了我们头上。对苦难,有些女人只以眼泪当武器,结果溺死在自己的眼泪之中。那些选择坚强的女人,虽然她们没有男儿惊天动地的气概,但是她们在接受命运女神挑战的时候,一定会赢得最终的胜利!

2008 年北京奥运会中,一位叫作纳塔莉·杜托伊特的女子游泳运动员赢得了大家的赞赏。不是因为她获得了冠军,而是因为她顽强的性格感动了我们。

24 岁的南非选手纳塔莉·杜托伊特 7 年前遇到了车祸,事后杜托伊特左腿膝盖以下部分被截肢,这位 2000 年仅以毫厘之差无缘悉尼奥运会的女子混合泳冠军的希望之星,转瞬之间成了一位肢残者。人们都认为她的运动生涯就此结束了,然而 3 个月后,她重返泳池,开始学习用一条腿游泳,但她很难保持平衡,于是她决定主攻不需要太多依赖打腿动作的长距离游泳。1 年后杜托伊特在英联邦运动会上闯进女子 800 米自由泳决赛。2008 年 5 月,她在世锦赛上夺得女子 10 公里马拉松游泳第 4 名,一举"游"进北京奥运会。

决赛中,杜托伊特在 25 名参赛选手中最终位列第 16 位,

但她并不满意自己的表现:"有些失望,我应该能进前五,对于一名久经赛事的选手来说,这是不能原谅的。我不想无偿地得到什么。我是为梦想而来,梦是自己给自己的,而不是别人给的。"

纳塔莉·杜托伊特的形象是北京奥运会中最感人的画面之一,"独腿的美人鱼"让我们看到了坚强所赋予人们的巨大潜力。

凤凰台的一位美女主持刘海若,主持过《凤凰直通车》,是一位很有风度的主播和记者,深受观众的喜爱。2002年5月8日,她与同伴在英国遭遇火车出轨意外,经英国医院抢救后,被判定脑干死亡。后来,医生发现她还能够自主呼吸,脑死亡的结论才被推翻。此时,凤凰同行一起为海若祈祷着,他们相信海若能够创造奇迹,"因为她是这样坚强的一个人"。果然,在顽强的求生欲望下,海若从死亡线上走下来。在康复治疗中,海若也表现出了非同一般的坚强,康复的速度之快让医生都感到惊奇。后来,她重返凤凰,负责凤凰的海外节目。

无论是纳塔莉还是刘海若,她们在苦难面前所现出来的坚强让所有人崇敬。抱怨人生不公、感叹自己是上帝的"弃儿"的人,应该在这样的女性面前感到惭愧。

引用鲁豫的一句话:"我们都不完美,但我们都要体验生命带给我们的冷暖悲喜。"无论是悲是喜,一颗坚强的心就是你最重的砝码。

处变不惊,笑对人生中的逆境

处变不惊,方能笑对人生中的逆境。面对幸运的美德是节制,面对逆境所需要的美德是坚韧。

在现实生活中，我们常看到这样的女人，她们会因自己角色的卑微而否定自己的能力，因自己一时身处逆境而放弃为梦想而努力。如此一来，原本可以走出困境、取得成就的她们，就这样被流于世俗，成为社会底层的平庸者。其实，我们完全可以处变不惊，笑对人生中的逆境。

霍兰德说："在最黑的土地上生长着最娇艳的花朵，那些最伟岸挺拔的树林总是在最陡峭的岩石中扎根，昂首向天。"坚强的女性不会被磨难吓倒，反而把它们当作是将逆境变成成功路的前奏。

正如孟子所说：天将降大任于斯人。历览世间成大事者，皆是经历了一番寒霜苦的结果，没有人能够绕过。苦难可以培养浩然正气，孕育卓越英才，成就辉煌人生。

在 20 世纪 60 年代，香草出生在一个贫穷的山村家庭。她也曾渴望着与同龄人一起背着书包坐在课堂里聆听老师的教诲。然而，窘迫的家庭经济条件，还是让她失去了上学读书的机会。尽管如此，大山里那灵性的凝聚让她拥有了智慧；山间那陡峭的小路，磨练了她的意志，让她懂得了坚强；淳朴民风的熏陶，让她有了博大的胸怀。长大成人后的香草凭借自己的勤奋努力，成为了村里同龄女孩儿子中的佼佼者。经人介绍，她与本乡的一位技艺精湛的年轻石匠走到了一起。

婚后不久，丈夫为了尽快改变贫困的生活条件，惜别新婚的爱妻，走出大山，凭借手艺独闯江湖。而香草则留守家中，耕作田地，照顾父母，抚育孩子。当改革的春风吹遍大江南北，商海的大潮汹涌澎湃的时候，善于观察事物捕捉信息的她，精明地看到了大山蕴含的商机。于是她筹措资金，一边料理家务，一边早出晚归，从林户手中收购木材，做起了长途木材贩运的生意。

机遇总是垂青那些有准备的人，而抓住机遇的人总是在辛苦中第一个尝到甜头。财富在两点一线的运输中聚集，心中埋藏已久的建造一幢当地少有的"洋房"的最高目标也在夫妻俩的埋头苦干中拔地而起。一个美满幸福的家庭在一对儿女的欢笑声中回荡着，在村民的羡慕中他们感到欣慰，勤劳致富带来的甜蜜使这对夫妇憧憬着美好的未来。

然而，月有阴晴圆缺，人有旦夕祸福。灾难总是在人们毫无思想准备的情况下突然降临。一天，当香草为孩子做好饭后，又去运输木材外出销售。由于陡峭的简易机耕路崎岖不平，路基在雨水的浸泡下变得松软，驾驶员遇到紧急情况又处置不当，运输车不慎翻入近 30 米的山涧中。坐在驾驶室里随车押运的香草在车子的翻滚中不幸被摔出，腰部和左腿被车上滚落的木头砸伤，左脚的胫骨和腓骨两节粉碎性骨折，鲜血直流，一度昏迷。

因伤势过重，香草被送往市医院，随又转往上海市人民医院住院治疗，先后花去医疗费用几十万元。尽管如此，她还是落下了终身残疾。两腿长短不一，最后不得不再做手术安装假肢，成为了肢体残疾人中的一员。就在香草与厄运抗争的过程中，老天爷又似乎在捉弄她、考验她、摧毁她。

在香草进行治疗恢复期间，丈夫骑摩托车外出办事，被汽车撞倒，受伤昏迷路边，幸好被路过的好心人救起，送往县医院治疗，腿部也受伤致残。原本健康的两个人，而今双双成为了残疾人。更令人辛酸的是，夫妻俩呕心沥血建造的"洋房"，由于地质灾害造成的山体滑坡，顷刻间被掩埋和摧毁。接二连三的飞来横祸，使香草原本富裕的家庭变成了"一穷二白"。

人是要有点儿精神的。面对残疾，她最终没有低头，用自强不息的精神激励自己；面对病痛，她最终没有退却，以热爱生活的态度锐意进取；面对残酷的命运，她最终没有倒下，以惊人的毅力，克服困难，继续弹奏催人奋进的乐章。她依靠县残联和当地党委政府及村委会的无微不至的关怀与支持，以多付出于常人一倍甚至是几倍的辛苦，从家庭作坊开始一步一步地走上了规模经营和自强致富之路。

一个绝不向命运屈服的女强人，如今已是一个木制品公司老总的香草长发披肩，笑容可掬。她没有叹息岁月的年轮在她脸上刻下的深深印痕，没有嗟叹岁月的风霜染白了双鬓，在她不屈的灵魂、生命的乐章里，每一个音符都凝结着深沉和豪放，每一个音符里都阐述着坦诚和希望，每一个音符里都升华着绚丽和辉煌。

生命的美在拼搏和创造。英国科学家贝弗里说过："人最出色的工作在逆境情况下做出，思想上的压力，甚至肉体上的痛苦，都可能成为精神上的兴奋剂。"理想的花，要靠汗水浇灌，汗水是滋润灵魂的甘露，双手是理想飞翔的翅膀。

很多女人在生活中遇到变故时，总会不停地埋怨："为什么是我？上天对我太不公平了。"即使流尽眼泪、哭瞎眼睛，依然无济于事，对事情没有任何帮助。与其如此，不如选择坚强积极面对。

前事不忘，后事之师，能够笑对逆境的女人，永远都是生活的强者。因为她们明白，每一次不幸并非都是灾难，逆境通常是一种幸运。与困难做斗争为日后面对更大的人生挫折积累了丰富的经验。

巴尔扎克曾说："苦难对于天才是一块垫脚石。对于能干的人是一笔财富，对弱者是一个万丈深渊。"逆境是一个人的炼金石，有人在逆境中站得更直，也有人在逆境中倒下，这其中的差别，在于个人是消极逃避还是坦然面对。站起来便能成就更好的自己；倒下的自怨自怜悲叹不已的人，注定只能继续哭泣。

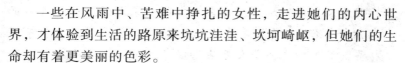

　　一些在风雨中、苦难中挣扎的女性，走进她们的内心世界，才体验到生活的路原来坑坑洼洼、坎坷崎岖，但她们的生命却有着更美丽的色彩。

　　困难是磨炼英雄的炉锤。如果不是它的敲打，又怎么会有锋利的宝剑？当困难来临时，女人应该多一些淡然，多一些冷静和沉着，成功的脚步也就走得更快、更稳。

天无绝人之路，更无绝人之境

　　我们总是认为生活让我们变得无奈，甚至被推入了绝境。但事实上，山重水复疑无路，柳暗花明又一村，往往在看似无路可走的境况中总有前进的方向。生活总是反转剧，你永远不知道下一秒有什么好事会发生。

　　人总是这样：把自己的痛苦看得很清楚，把别人的痛苦看得很模糊；很难发现自己身边有快乐，却总是觉得别人什么时候都是快乐的。

　　女人的多愁善感使她们的心境更容易悲观和失望。当发生一些不顺心的事，当自己无法做好一些事的时候，就会产生非常难过的情绪，甚至对人对事充满了绝望，感觉自己到了无路可走的地步了。有些女人甚至会做出伤害自己或伤害他人的不理智行为，直接导致悲剧的发生。

　　对待身边的很多事情，女人也经常十分敏感。她们总是有非常多的抱怨牢骚，总是觉得自己太苦了，无法快乐地生活，总是觉得自己的一生充满了失望，其实这一切都是因为你的自怜自艾在作祟，而你却没有发现。

　　据说在法国东部的一个小镇发生过一件悲惨的事件。那是盛夏的一个下午，一户住在高速铁路不远处废弃的车厢里的人家，因为长期拖欠水费，自来水公司便派人停了这户人家的水。独自在家的女人，守着两个分别是四岁和一岁半的孩子。

整个下午，这个女人无法给孩子洗澡，也没有水给孩子喝，她觉得生活对自己太不公平了。从小就经受贫穷的折磨，现在嫁了人结婚又让孩子遭受同样的痛苦。看到孩子渴得哇哇大哭，她觉得自己太没用了，连一口水都无法提供给孩子。

太阳落山时，做临时工的丈夫才回来，当妻子向他抱怨生活的困苦时，丈夫也很懊恼，自己做临时工既辛苦挣的钱还少，身为一个大男人连妻儿都照顾不好。天黑了，因为停水，他们连一顿晚饭都吃不到。夫妻二人越想越绝望，就有了自杀的念头，但是他们不忍留下孩子们在世上继续受苦，最后，全家人离开居住的车厢，走向不远处的铁轨。然后，静静地卧在铁轨上，最后一齐被轧死。

是什么让这对父母带着孩子走上了绝路？难道他们真的到了绝境，没有办法生活下去了吗？既然有死的决心为什么却没有活下去的勇气？

仅仅因为一次停水事件就致使他们走上绝路吗？摧毁一个家庭的有力武器，是摧毁这个家庭母亲的意志。天无绝人之路，更无绝人之境。妥协和绝望是人类的致命顽疾。母亲不妥协，这个家就不会完；母亲不绝望，这个家就还有希望。在那些我们所无法承受的痛苦中，几乎没有什么事是性命攸关的。

"自古雄才多磨难，从来纨绔少伟男"。磨难只能吓住那些性格软弱的女人。对于真正坚强的女人来说，任何磨难都难以使她就范，相反，磨难越多、对手越强，她们的自我提升就越快，意志也越发的坚不可摧。

有这么一个人，他是工商管理硕士，是多个非盈利助残团体的创建人，是多种助残设备的发明人，还是加拿大勋章获得者，他热心社会公益事业，走到哪里都能受到众人的欢迎。

　　他还是一个市长，他会驾驶汽车，会开轮船，并且还成了飞行员，能自由驾驶飞机在空中翱翔。当他33岁的时候，竞选温哥华市议员，成功了。在连续做了12年市议员后，他又被温哥华市民推上了市长的宝座。

　　他就是加拿大的萨姆·苏利文，但他却有一段传奇的经历，也因此被称为"奇人"。19岁那年，苏利文在一次滑雪中与朋友做游戏，他本来是要从朋友张开的双腿间滑过去，结果却撞在了朋友的身体上，折断了脖子，导致颈以下全身瘫痪。自此以后，这个高大英俊的青年变成了一个只能摇头的残疾者，终生依靠轮椅生活。

　　在折断脖子后的几年里，待在家里的苏利文陷入了选择生还是死的挣扎中。他把受伤前打工赚的钱都取了出来，买了辆专门为残疾人设计的汽车。为了不让父母太伤心，他设计了开车坠崖这种自杀方式，所幸的是，他的几次"坠崖练车"都没有成功。此后，要强的苏利文不忍再拖累两位老人，便坚持离开了家，搬到了一个半公益半盈利性的公寓。

　　一天晚上，苏利文又一次独自在房间中品味绝望的痛苦。他盯着空白的四壁，感觉自己的生命就像它们一样空虚。他坐着轮椅来到户外，看到远处的城区正掩映在落日的余晖中。他想那里有沸腾的生命活力，人们正在摇动着生活风帆向前航行。

　　此刻，苏利文忽然想到自己的大脑很好用，也能够独立吃饭穿衣，甚至还能微笑。苏利文决心要成为他们中的一员，"我也要做一个完整的人，我要工作。"苏利文此时对自己说道，"受伤前我有十亿个机会，而现在我还有五亿个。"从那一刻起，一个新的萨姆·苏利文诞生了。

　　从那以后，苏利文广泛涉猎知识，勇于挑战生活。他不但学会了驾驶飞机，而且还教会了另外20位残疾人飞行。由于温哥华的华人超过三分之一，在加拿大土生土长的苏利文还学会了中国广东话，这在他以后的竞选中收效奇特。苏利文一讲广东话，就会得到华人的掌声和鼓励。市长选举中，华人几乎把选票都投给了苏利文。

我们不禁会问：是什么神秘的力量将这传奇经历赋予萨姆·苏利文？答案是不屈不挠地与生活抗争的精神，这是一种坚韧的气质。他曾说过：一个人能走多远取决于他面对挑战时的表现，这与他是否坐轮椅无关。

脆弱的女性朋友，不要一味向困境妥协，别动不动就悲观绝望。如果你不幸失业了，那么就能完成向往已久的旅行；如果婚姻失败了，你将有机会去寻找新的爱情。一个人是否快乐不是由自己的生活状态、生活条件决定的，而是由自身的心态决定的。

天无绝人之路，更无绝人之境，女人不要总是执拗地坚持按自己的方式去生活，有时候，换个方式去思考人生，去看待生活，生活也许会更美妙。内心快乐洒脱的人，他们能够适应最残酷、最无奈的生活环境，即便在逆境中也能找到生活的乐趣所在。

痛苦不过是成长路上的营养

生活是一枚硬币，一面是欢乐，一面是痛苦，通常你只能看到一面，但是别忘了，马上就轮到下一面了。绝望放弃的时刻，不论对于生命还是信念，再等一等，再坚持一下吧，下一秒，也许你的硬币就会翻面。

每个女人都希望有着漂亮的外貌、丰富的内涵，希望拥有一份体面而赚钱的工作，希望嫁一个英俊潇洒的男人过着幸福而甜蜜的生活……没有人不想幸福快乐地生活，然而现实生活却不尽如人意，我们却经常不能左右生活，因为痛苦烦恼总是不期而至，尽管我们无法逃避，但我们可以把痛苦看作是成长路上给予的营养。

玛丽亚原本有一个幸福的家庭、爱她的父母。快乐长大后的玛丽亚，万万没有想到有一天，她的生命中会遭受如此的痛苦。

正在上大学的玛丽亚和一个男人相爱了。天真的她以为爱情就是一切，死心塌地地爱着那个男人，当这个男人发现她怀孕后，却无情地抛弃了她，并不负责任地一走了之。学校知道玛丽亚未婚先孕的事情后，通知了她的父母。

一时间，同学们都在对她指指点点，好像在说她是一个坏女孩儿。而父母更是无法接受女儿的这种不知羞耻的行为，而拒绝让女儿进入家门。玛丽亚无法在学校待下来，又遭受了爱情和亲情的抛弃，绝望之下想到离开这个世界。

她站在300米高的大桥上，俯瞰脚下碧波万顷，她没有恐惧，心凉如水。抚摸着微隆的肚子，那里隐隐传来的一息脉动给她最后的温暖，细密的雨打湿了她的头发，顺颊而下的水珠泪珠又冻结了这一点儿微温。

这一天，似乎是玛丽亚生命中最灰暗的一天，但是她却在最痛苦的时候重新看到了生活的希望。在玛丽亚自怜自伤的时刻，她能感到不远处有一双眼睛望着她。她转身看到一个清秀的年轻男子。这样的天气爬上这样高的大桥，除了他俩，再没第三个人。他们彼此心照不宣，来到这里的人，绝不会是为了悠闲地看风景。

四目交汇的瞬间，玛丽亚看到那双眼睛里盛满了浓得化不开的哀伤，还有一丝疑惑关切，她仿佛看到另外一双自己的眼睛。于是，身处同样境地的两人似乎有了惺惺相惜之情，开始了交流。

经过交谈，玛丽亚了解到他也是一个万念俱灰的可怜人，他青梅竹马的未婚妻在婚礼前几天突遇车祸身亡。

"玛丽亚，你比我幸运，你失去的只是一个不爱你也不值得你爱的人；而我失去的是一个真心相爱的人，而且永远没有挽回的余地了。"

"拥有一份真爱，就没有遗憾，是你比我幸运！我的生活里只有背叛和抛弃。为了你的未婚妻，为了她在天堂能安息，你也应该勇敢地活下去，不该这样颓废。"

"是的，时间也许可以帮助我，也一定会帮助你，没有什么问题是解决不了的，你还这么年轻，还会有美好的感情在前方等着你……"

他们是一对准备抛弃余生的人，所以他们都把彼此当作最后一个聊天对象，聊了很久。谈话中发现一个比自己更痛苦不堪的人，同时，他们也意识到自己的痛苦在别人眼里不过是一粒尘埃。于是，他们彼此鼓励，决定勇敢面对自己的不幸，然后他们手牵手从危险的桥上慢慢下来……

人生只有经历不幸才会体会幸福，才会懂得珍惜生活。在每个女人的一生中，总会有一个人让你笑得最甜，也总会有一个人让你痛得最深。忘记一切，就是最好的善待自己。人生的过程不过就是失与得，看淡了也就轻松了，一切不过是过眼云烟，如果真的忘不了，就默默地珍藏在心底的最深处，藏到岁月的烟尘触及不到的地方……

快乐从来不是永恒的，痛苦也只是个过程，没有谁能拒绝春天来临，没有谁能永远都做好梦。漫漫旅途中，或许感到疲惫，也许有些沉重，总是逃不开痛苦的羁绊，但只要有一份美丽的心情，就会觉得欣慰，就会充满自信。

在心态好的女人眼中，痛苦只是一粒微不足道的尘埃，它可以给予成长的营养，让我们走得更顺畅。让我们保持一份雅致的心境，好好地珍惜人生，尽情地拥抱生活，虽然辛苦，也会咀嚼出甘甜与芬芳的神韵！

人生自有沉浮，淡定地面对人生低谷

面对低谷，每个人都应该学会忍受生活中属于自己的一份悲伤，只有这样，你才能体会到什么叫作成功，什么叫作真正的幸福。

人生难免有起伏，没有经历过失败的人生不是完整的人生。低谷自有低谷的风景，低谷是一种奇妙的人生历程，它教会我们等待、忍耐和奋斗。淡定的女人总是以百折不挠的意志去面对困难，不管风吹浪打，胜似闲庭信步，以一种平常心去面对挫折，迎接你的必将是山巅的无限风光。

在时间的长河里，经历了人生的繁花似锦后，女人如果不再浮躁，就能用从容的心态包容一切，总是微笑着面对困难、面对环境。相信人生自有浮沉，能够淡定地面对人生低谷。

智慧的女人从容面对低谷，她们相信：苦难的果实，可能是屈辱，也可能是财富。当苦难战胜了你时，它就是你的屈辱；当你战胜了苦难时，它就是你的财富。试想一下：或许，低谷只是上天安排的让你休息的机会。放慢脚步，每天留一点儿时间，从从容容看看湛蓝的天空，看看飘舞的秋叶，看看晶莹的冬雪……你会发现，低谷中原本也有值得珍惜的事物。

"世纪老人"冰心是一位温暖豁达的老人。她的名言是："有了爱就有了一切。"她的一生言行，她的全部几百万的文字，都在说明她对祖国、对人民无比的爱心和对人类未来的充沛信心。她喜爱中华民族和全人类经过历史积淀下来的一切优秀文化成果。她热爱生活，热爱美好的事物，喜爱玫瑰花的神采和风骨。

她的纯真、善良、刚毅、勇敢和正直，使她在海内外读者中享有崇高的威望。让人感动的更是冰心面对人生低谷时的坦然。在她的身上，总会感到一种身心的净化，会受到一种圣洁的感染。在她的身上，永远看到的是一个人生命力的旺盛，看到的是一颗跳动了近百年的、在思考、在奋斗的年轻的从容的心。

晚年的冰心，虽然行动不便，但她还是坚持每早起床就大量阅读报刊，了解文坛动态，然后就握笔为文，小说、散文、杂文、自传、评论、序跋，各种体裁无所不能，无所不写。在遗嘱里，她还写下了这样的句子："我悄悄地来到这个世上，也愿意悄悄地离去。"

多么从容淡定的一个人！笑看人生的低谷。从容的女人总是善待人们、善待生命的。从容的女人即使老去，她的心也是不老的。她总是会不断地运用智慧寻求生活的乐趣。智慧、文雅、内秀成了她们心灵不老的秘方……如果能从容优雅地老去，对于一个女人来说该是怎样的一种造化。

好心态的女人不会苦求着毫无意义的名利，不会再奢求华墅豪车、山珍海味。衣食无忧、家庭和美、身体健康才是最大的幸福，幸福的人生，就是对那一份平淡生活的执着坚守！

在苦乐的流转轮回中悠然看待过往

最大的生活哲学莫过于敬畏生活，敬畏生活就是好好地活下去，在苦乐轮回中悠然地看待过往，让自己过得快乐和洒脱。

　　林语堂先生说："人生譬如一出滑稽剧。有时还是做一个旁观者，静观而微笑，胜如自身参与一份子。"的确，人生充满了悲欢离合，每个人都是可以从悲苦中看到欢乐，在悲中看到喜，于拘束中感到自由，于刻薄慵懒里寻找到惬意。

　　在整个生命的过程中，无论我们面对的是怎样的境遇，无论是欢喜还是悲伤，生离还是老去，都是一个过程，都是每个人必须要走的路。既然必须经历，就应该勇敢地走下去，去享受这一切。淡定的女人懂得珍惜和敬畏生命，而不会任悲伤放大，让痛苦蔓延。

　　一个人可以温和，却不能没有骨气；可以理智，却不能冷血；他应是哲人也是诗人，是斗士也是学者，能冷眼旁观，也可古道热肠。这样的人才是饱含深情的热爱生活的人，而生活，也会回馈给他最精彩的人生。

　　一个勇敢地放淡生活悲苦的女人，才是生活的智者，才能体会到生活里的那丝甘甜，才能享受繁忙和浮躁的生活表面下的闲适与逍遥。

　　六年前，袁圆和老公从贵州老家来到深圳打拼，没想到老公经不起外面世界的诱惑，跟情人私奔了。袁圆在一家私营企业里打工，孤身一人带着儿子艰难地维持着生活。但祸不单行，命运又一次捉弄着她：企业亏损严重，不得不宣布破产。真可谓雪上加霜，怎么办？儿子正在读高中，马上就要考大学了，到时候，一年的费用需要一两万，袁圆明白，她必须用自己柔弱的肩膀担起这个家，把儿子拉扯大，抚养成人。

　　可是，当她拿着自己的简历，跑了十几家公司，却没有被一家录用。满大街都是大学生，谁肯接收她这个只有高中文化的中年妇女呢？一筹莫展的袁圆只好在家政公司找了一份钟点工的工作。但无论她怎样努力的工作，这份微薄的收入也难以维持她和儿子的日常开支。

无奈之下，袁圆决定背水一战，拿出所有的家底儿买了一辆六成新的二手车，考取驾照一个月后，做起了黑车拉客的生意。她也清楚，这样做意味着冒很大风险，但是她走投无路，没有别的办法，只能孤注一掷了。

第一天上路，袁圆心慌意乱，手脚也不听使唤了，她在心里默念着，千万别出意外，可越怕有事它就越来事儿，在一个红绿灯口，袁圆那辆破车就跟她较上了劲儿，怎么也启动不了了，眼看后面的车队排起了长龙，阻塞了交通，她急得满头大汗，六神无主，只好走下车来，连声道歉，并求助后面的司机帮她把车开到了路边。

经过一段时间的锻炼，袁圆很快就驾轻就熟了。一天早上，袁圆的车上上来了一个朴素的中年男人，按照他的吩咐，袁圆很快把他送到了目的地。男人付了钱，临下车时很礼貌地对她说："大姐，你可以在这儿等我一下吗？一会儿我办完事，还坐你的车！"

袁圆欣然应允。时间一分一秒地过去了一个多钟头，在这期间，袁圆放走了很多客人，可中年男人还没有出现，袁圆心想：他不该是忽悠我吧？看他的举止谈吐，应该不是，还是再等等吧！终于，袁圆等待了三个小时，中年男人才从写字楼里出来了，他看到静静等候在路边的袁圆，十分诧异："你怎么还在这里？我以为你早就走了呢？"袁圆说："既然答应了你的事，我就要信守承诺。"

袁圆的话感动了这个男人，这个中年男人就是袁圆现在就职的公司的老总，也是袁圆的现任老公。

袁圆经历了人生的苦乐，现如今，回眸凝笑，能够悠然地看待过往。一位哲人说："当幻想和现实面对时，总是很痛苦的。要么你被痛苦击倒,要么你把痛苦踩在脚下。"每个人对人生的意义领悟不尽相同,但睿智的女人会把自己的一生看作等待与希望的苦乐人生,当她们悄然经历了岁月,会蓦然发现一切不过是悠然过往。

笑对挫折,没有不能逾越的冬天

希望是不幸者的灵魂,困难时最好的自我安慰。在多难而漫长的人生道路上,我们需要一颗健康的心,需要灿烂的笑容。

坚强的女性会微笑面对挫折,因为她们知道,难题再大,只要不妥协就能战胜,正如无论多么寒冷的冬天,人们总是通过它来迎接明媚多彩的春天。处于困境中的女性,想突破生活和命运的樊篱,必须设法调整自己的心态,以一种积极向上的心态去面对人生,迎接挑战,并积极打破一切烦恼、忧虑的屏障,相信笑对挫折,胜利属于强者。

贝多芬说:"通过苦难,走向欢乐。面对苦难和挫折,你要抬起头来,微笑对它,相信这一切都会过去,今后会好起来。"乐观的女人会笑看挫折,期待美好的未来。桑兰在面对人生中如此重大的挫折时表现出来的乐观使人们为之感动。

1998年7月21日晚,中国体操队队员桑兰在纽约友好运动会上意外受伤之后,这个正值青春年华的17岁女孩儿一下子从当初的默默无闻成了全世界最受关注的人。

这确实是个意外。当时桑兰正在进行跳马比赛的赛前热身,在她起跳的那一瞬间,外队一教练"马"前探头干扰了她,导致她动作变形,从高空栽到地上,而且是头先着地。

　　这个笑容甜美的姑娘来自浙江宁波，1993 年进入国家队，个性温顺，但在遭受如此重大的变故后却表现出难得的坚毅，她的主治医生说："桑兰表现得非常勇敢，她从未抱怨什么，对她我能找到表达的词就是'勇气'。"就算是知道自己再也站不起来之后，她也绝不后悔练体操，她说："我对自己有信心，我永远不会放弃希望。"

　　时任国务院副总理钱其琛在看望桑兰时说："中国领导人和中国人民都知道这位勇敢的女孩儿的事。"美国总统克林顿、前总统卡特和里根都曾给桑兰写过信，赞扬她面对悲剧时表现出来的勇气。

　　桑兰与"超人"会面的经过在美国 ABC 电视台播出，这个电视台 50 年来只采访过两个中国人，一个是邓小平，一个是桑兰。桑兰还如愿以偿地见到了自己的偶像里奥纳多·迪卡普里奥和席琳·迪翁。

　　因为她的坚强、乐观，美国院方称她为"伟大的中国人民光辉形象"，而那么多美国普通人去看她，并不只是因为她受伤了，而是为她的精神所感染。

　　生命本不完美，因此要用乐观心态面对挫折。乐观是漫长黑夜里的一盏明灯，给人带来信心；乐观是广阔沙漠里的一片绿洲，带给你希望；乐观是隆冬里温暖的炭火，使你摆脱困境，勇敢面对挫折。生命如同未完待续的歌，时而低沉悠扬，时而激扬博发，你就是音乐家，用乐观的音符谱写人生的旋律。

　　乐观面对挫折才会成功，生命好比无垠的大海，时而风平浪静，时而波涛翻滚，人生如同漂浮在海上的一叶孤舟，也经常会"樯倾楫摧"。然而，纵使生活中有这些不如意，也要扬起乐观的风帆，乘风破浪，你才可以看到天边绚丽的彩虹，暮色时动人的霞光，渔歌唱晚般的美好。

10 岁开始踏上滑冰场的叶乔波是个追求完美的孩子，日复一日严酷的训练让年幼的她疲于奔命，但为了心中的梦想，她一路坚持下来。18 岁那年，她的头椎受伤，经北京、沈阳几家大医院诊断后得到了相同的结论：再继续练将有瘫痪的危险。继续与放弃的艰难选择摆在她面前，生性好强不服输的叶乔波选择了前者。

　　1988 年，已进驻冬奥会选手村三天的叶乔波突然被国际滑联取消参赛资格，并被罚停赛 15 个月，理由是她所服用的中药里含有禁药成分。这一次的打击无疑是沉重的，23 岁的她还能有多长的运动生涯？面对这并非自己造成的过错，叶乔波欲哭无泪，但她却并未屈服！4 年后的冬季奥运会上，叶乔波以一连串令人震惊的成绩，让世人刮目相看。

　　叶乔波在 1992 年就被查出半月板断裂，带伤远赴 6 个国家参加了 8 场世界性大赛。1993 年一名日本专家检查她的膝部后万分惊讶，说你应该马上做手术，不要拿自己的生命开玩笑。但 3 天后，叶乔波忍着剧痛，拿下了世界短距离速滑赛全能冠军。

　　1994 年第 17 届冬奥会上叶乔波为中国代表队夺得冬奥会上的首枚铜牌。在赛后的手术中，医生惊讶地发现她左膝盖的两侧韧带和髌骨早已断裂，腔内有 8 块游离的碎骨，骨骼的相交处呈锯齿状。此后的很长一段时间她都是在轮椅上度过的。

　　叶乔波为中国实现了冬奥会奖牌零的突破，但她却因滑冰而摘除了半月板。叶乔波退役后，她又以小学四年级的文化基础，先是用 6 年时间攻读完清华大学 MBA，后又进入中央党校攻读经济学博士。直到现在，她仍在致力于积极推广冬季运动的工作中。

　　叶乔波为我国冰上运动做出了重大贡献，她用不断的奋斗来充实自己的人生经历。她笑对挫折，不断努力超越自我的拼搏精神更值得人们钦佩。

毅力是登峰造极的精髓，是在面对挫折或失败时，依然不断尝试的能力。有时，灾难及悲剧往往会造成出人意料的成就，长足的进步。柔弱的女人们，请拿出一点儿笑对挫折的豪气，相信没有哪个严寒的冬天不能逾越。明年，将又是春暖花开。

一个拥有乐观精神的人，才会摆脱困境迈向成功，泰然面对生活中的挫折，积极面对人生中的失意。"冬天来了，春天还会远吗？"是啊，乐观面对挫折，你才会步入成功的殿堂，为青春画上圆满的句号。

心存梦想，人生便可随时开始

人生随时都可以重新开始，没有年龄限制，更没有性别区分，只要我们有决心和信心，梦想，即使到了70岁也能实现。

现实中，我们总能听到有些中年女性在聊天时，无不遗憾地说："如果当初不是为了孩子，我现在可能已经是某个行业的领军人物了。""年轻的时候，我的梦想是开一个蛋糕店，可我直到现在也没有机会实现。"……说这话的人其实是因为自己的懒惰放弃了当初的梦想。一个心存梦想的女人，永远不会找借口抱怨"太晚了，来不及了"，而时刻准备为实现梦想而努力拼搏。

一个部落首领去世了，他的儿子继承了酋长的位子，承担起了领导部落的任务。但是，由于他花天酒地、游手好闲，部落的势力很快衰退下来。在一次与仇家的战役中，他被仇家所在的部落擒获。仇家的首领决定第二天将他斩首，但是可以给他一天的时间自由活动,而活动的范围只能在一个指定的草原上。

当他被放逐在茫茫的大草原上时,他感觉,这个时候,自己已经完全被整个世界抛弃了,死亡即将临近,他想起那些锦衣玉食的日子,想起了自己部落辛苦劳作的牧民,想起了那些英勇的武士卖命效力,他追悔莫及。他想,如果能让我重来一次,上天再给我一次机会,绝对不会是这样一个结果。

于是,他想在自己生命的最后24个小时做一些事情,来弥补自己曾经的过失。他慢慢地行走在草原上,看见很多贫苦而又可怜的牧民在烤火,他把自己头顶上的珍珠摘下来送给他们;他看见有一只山羊跑得太远,迷失了方向,他把它追了回来;他看见有孩子摔到了,主动把他扶了起来;最后,他还把自己一件珍贵的大衣送给了看守他的士兵……他终于做了一些自己以前从没做过的事情,他觉得自己的这一天没有白白浪费,这样也许死得稍微坦然一些。

第二天,行刑的时候到了,他很轻松地步入刑场,合上双眼,等待刽子手结束自己的生命。可是等了很久,刽子手的刀都没有落下,他觉得很奇怪。当他慢慢把眼睛睁开的时候,才看见那个仇家首领捧着一碗酒微笑着站在他面前。

那个首领说:"兄弟,这一天来,你的所作所为让我感动,也让我重新认识了你,我们两个部落的牧民本来可以和睦愉快地相处,却因为一些私利互相仇视,彼此杀戮,谁都没有过上太平的日子,今天,我要敬你一碗酒,冰释前嫌,以后我们就是兄弟,如何?"

之后,那个纨绔子弟回到了部落,再也没有纸醉金迷地生活,而是勤政爱民,发誓要做一个优秀的部族首领。从此以后,这两个部落的牧民再也没有发生过战争,彼此融洽和平地生活在草原上。

人生可以随时开始，即使只剩下生命中的 24 小时。一个人只要还能思考，还充满了梦想，就一定可以重新开始自己的人生。日本作家中岛薰曾说："认为自己做不到，只是一种错觉。我们开始做某事前，往往考虑能否做到，接着就开始怀疑自己，这是十分错误的想法。"

今天是一个结束，又是一个开始。昨天的成功也好，失败也好，今天都可以重新开始，重新开拓自己的人生。昨天失败了，不要紧，今天忘了它，总结失败的教训，继续新的努力。即便昨天是成功的，今天依旧要重新开始，在成功的基础上继续努力，争取更辉煌的进步。

心怀梦想，再坎坷的路途也会有希望，只要梦想还在，一切都会过去，梦想终会有与你相见的一天。

Vera Wang，中文名王薇薇，著名华裔设计师，被称为婚纱女王，旗下拥有多个个人品牌，如中、平价衣服及香水品牌，曾是花样滑冰运动员。先别看这一系列的头衔，她其实有着比别人坎坷的人生经历。

王薇薇儿时的梦想是学习双人花样滑冰，还参加过美国本土的一些比赛，但坚持练习 11 年后，最终却被国家队无情地拒绝了。于是，她选择了放弃。不再学习滑冰的王薇薇随父母搬到法国巴黎，进入巴黎大学，在法国著名的艺术学院巴黎莎拉劳伦斯学院修艺术史专业。生活在巴黎这个时尚之都，母亲有机会常常带着女儿观看各种服装表演，逐渐王薇薇对服装设计产生了浓厚的兴趣。

因为暑期在纽约麦迪逊大道上的圣罗兰精品店打工，王薇薇认识了《Vogue》杂志编辑史坦，大学一毕业，她就进入时尚杂志《Vogue》法国版工作的机会。王薇薇从实习生做起，两年后23岁的王薇薇成为《Vogue》的资深时尚编辑，后来还接手美国版的欧洲编辑。

1985 年，在《Vogue》工作已经 16 年的王薇薇申请主编一职被拒。被拒后她决定离开《Vogue》，之后进入世界著名时装品牌拉夫·劳伦（Ralph Lauren）公司，担任设计总监。工作如意的 Vera Wang，情感却迟迟没有一个完美的归宿。

直到 1989 年，已经 40 岁的 Vera Wang 与高尔夫球商贝克才举行结婚典礼。婚礼邀请了 400 多位来自影视、媒体和时尚界的人士。可令人恼火的是，她找遍了美国各大婚纱店，却总也挑不出一件令自己满意的婚纱。她一气之下决定亲自设计，没想到宾客们对她设计的婚纱赞不绝口。

1990 年，王薇薇以家族赞助的 400 万美元资金，在曼哈顿开设了第一间门店，专门定做高价位新娘婚纱礼服，并以现代、简单、尊贵的设计风格，打破繁复、华丽的传统，逐渐在上流社会打开了知名度。

事业步入轨道后，婚后的王薇薇也像所有的女人一样渴望有自己的孩子。但医生却无情地告诉她：她不能生育，再也没有做妈妈的机会。伤心的她在和丈夫商量后，领养了两个女儿。

对于她的这些经历，婚纱女王说："别怕坎坷，只要心怀梦想，精彩人生便可随时开始。"

生活对于她来说要比一般人坎坷得多，但是她却取得了比一般人更大的成功，只因在坎坷的路途中，她一直心存梦想。人们之所以不能取得人生中的成功，就是因为在一次次坎坷带来的困难中慢慢地遗失了自己的梦想。

人生就是不断重新开始的过程，我们随时都可以有新的开始，新的希望，新的天空。那些牢骚满腹的女性朋友们请记住：一个人只要还能思考，还充满了梦想，就一定可以随时开始自己的人生，即使只剩下生命中的 24 小时。

看淡人生沉浮事，一蓑烟雨任平生

人生十有八九不如意。其实，人活着就是一种心态。心无旁骛，淡看人生苦痛，淡薄名利，心态积极而平衡，有所求而有所不求，有所为而有所不为，不刻意掩饰自己，不用势利逢迎他人，这时你才能找回真真正正的自我。

心态好的女人会淡然地看待人生的沉浮事，一蓑烟雨任平生。如此这般，人生就算失意，也会无所谓得与失，坦坦荡荡，真真切切，平平静静，快快乐乐。自然的存在本来就有缺憾，事事顺达毕竟是少数。纵观历史古今，但凡做出大成就者必经大挫折、大磨难，方能悟出生命的真谛。

1056 年（嘉祐元年），20 岁的苏轼首次出川赴京，参加朝廷的科举考试。翌年，他参加了礼部的考试，以一篇《刑赏忠厚之至论》获得主考官欧阳修的赏识，却因欧阳修误认为是自己的弟子曾巩所作，为了避嫌，使他只得第二。

1061 年（嘉祐六年），苏轼应中制科考试，即通常所谓的"三年京察"，入第三等，为"百年第一"，授大理评事、签书凤翔府判官。后逢其母于汴京病故，丁忧扶丧归里。1069 年（熙宁二年）服满还朝，仍授本职。

苏轼入朝为官之时，正是北宋开始出现政治危机的时候，繁荣的背后隐藏着危机，此时神宗即位，任用王安石，支持其变法。苏轼的许多师友，包括当初赏识他的恩师欧阳修在内，因在新法的施行上与新任宰相王安石政见不合，被迫离京。朝野旧遇凋零，苏轼眼中所见，已不是他二十岁时所见的"平和世界"。

苏轼因在返京的途中见到新法对普通老百姓的损害，又因其政治思想保守，很不同意参知政事王安石的做法，认为新法不能便民，便上书反对。这样做的一个结果，便是像他的那些被迫离京的师友一样，不容于朝廷。于是苏轼自求外放，调任杭州通判。从此，苏轼终其一生都对王安石等变法派存有某种误解。

苏轼在杭州待了三年，任满后，被调往密州（山东诸城）、徐州、湖州等地，任知州县令。政绩显赫，深得民心。

这样持续了大概十年，苏轼遇到了生平第一祸事。当时有人（李定等人）故意把他的诗句扭曲，以讽刺新法为名大做文章。1079 年（元丰二年），苏轼到任湖州还不到三个月，就因为作诗讽刺新法，被人网织"文字毁谤君相"的罪名，被捕入狱，史称"乌台诗案"。

苏轼坐牢 103 天，几次濒临被砍头的境地。幸亏北宋时期在太祖赵匡胤年间即定下不杀士大夫的国策，苏轼才算躲过一劫。

出狱以后，苏轼被降职为黄州（今湖北黄冈市）团练副使（相当于现代民间的自卫队副队长）。这个职位相当低微，并无实权，而此时苏轼经此一役已变得心灰意冷。苏轼到任后，心情郁闷，曾多次到黄州城外的赤壁山游览，写下了《前赤壁赋》《后赤壁赋》和《念奴娇·赤壁怀古》等千古名作，以此来寄托他谪居时的思想感情。他于公之余便带领家人开垦城东的一块坡地，种田帮补生计。"东坡居士"的别号便是他在这时起的。

宋神宗（1084 年元丰七年），苏轼离开黄州，奉诏赴汝州就任。由于长途跋涉，旅途劳顿，苏轼的幼儿不幸夭折。汝州路途遥远，且路费已尽，再加上丧子之痛，苏轼便上书朝廷，请求暂时不去汝州，先到常州居住，后被批准。当他准备南返常州时，神宗驾崩。

　　年幼的哲宗即位，高太后听政，以王安石为首的新党被打压，司马光重新被启用为相。苏轼复为朝奉郎知登州（蓬莱）。四个月后，以礼部郎中被召还朝。在朝半月，升起居舍人，三个月后，升中书舍人，不久又升翰林学士知制诰（为皇帝起草诏书的秘书，三品），知礼部贡举。

　　当苏轼看到新兴势力拼命压制王安石集团的人物及尽废新法后，认为与所谓"王党"不过一丘之貉，再次向皇帝提出谏议。他对旧党执政后暴露出的腐败现象进行了抨击，由此，他又引起了保守势力的极力反对，于是又遭诬告陷害。

　　苏轼至此是既不能容于新党，又不能见谅于旧党，因而再度自求外调。他以龙图阁学士的身份，再次到阔别了十六年的杭州当太守。

　　苏轼的后半生依旧是浮浮沉沉，飘飘荡荡，但他却能以一颗淡然的心去面对。正是如此，才有了那一首千古绝唱："莫听穿林打叶声，何妨吟啸且徐行。竹杖芒鞋轻胜马，谁怕？一蓑烟雨任平生。料峭春风吹酒醒。微冷，山头斜照却相迎。回首向来萧瑟处，归去，也无风雨也无晴。"

　　林语堂先生曾经总结过苏东坡的一生，说他既当过"高考状元"，也有过偶像崇拜；既喜爱西湖的美景，又不忘河豚的鲜美；既写诗填词写文章，又挥汗弯腰种过田；既荒唐地向神求雨，又严肃地兴修水利；既对亡妻一往情深，又对歌女百般爱怜；既深夜醉酒，又早起灭蝗；既对命运有所抱怨，又对人生充满感激……看他一路走过，犹如欣赏绝美的画卷，倾听起伏的乐章……

　　苏东坡的一生，始终游走在入世、出世和遗世之间。正是经历内心中剪不断、理还乱的纠结，最后才醒悟。身处浮世之中，我们要有一个正确的心态，才可以让生命如虎添翼，抽出一切浮动在心中的恶水，注入一股清新的泉流，还一个清静的灵魂，容江海之天下。

心态好的女人在寻求真正的幸福时往往遵循自然起伏变化规律，尊重内心的意愿，不强求自己，做自己应该做的事情。看淡人生沉浮事，一蓑烟雨任平生，这不一定是老年人方有的境界。一个女人，如果你的经历足够丰富，你的头脑足够睿智，你的心胸足够豁达，你也可以安然地在竹林细雨中，何妨吟啸且徐行。

口水自干——淡定地面对别人的嘲笑

对待善意的嘲笑，我们可以一笑而过，完全没有必要计较。针对那些恶意的嘲笑，我们要灵活对待。

生活中，很多女性朋友特别在意他人对自己的看法，害怕自己的行为引起他人的嘲笑或非议，因而她们总是小心翼翼地做人，谨慎地做事，这样活得太累了。甚至有的女人面对众人的口水，去无端怀疑自己，将自己的人生放在了别人的舌头之上。其实，只要我们淡然地面对别人的嘲笑，自然会口水自干。

每个人都难免会遇到来自他人有意或无意的嘲笑。多数女人面对这种情况，往往会生气，会发怒，甚至会做出一些冲动的行为，来报复或打击别人对自己的嘲笑。事实上，面对别人的嘲笑，与其生气，我们还不如保持宽广的胸襟，让自己有点儿雅量，这不仅是一种做人的智慧，更是能让自己享受不生气的活法。

有时候，嘲笑者就是希望从被嘲笑的对象的窘迫、狼狈、恼怒等反应中获得快感。这时，我们可以对嘲笑或挖苦的语言报之一笑，甚至是根本不理。这样一来，嘲笑人的人无法达到想要的目的，自然就不了了之。

如果是你的熟人或同事开一些无伤大雅的玩笑，完全不理会嘲笑并不是最佳选择。因为如果你不给予回应，会被嘲笑者认为是不解风情，给人以木讷、死板的印象。这时最好的选择是：他们嘲笑你什么，你就主动承认什么，主动自嘲。

他生于美国长岛一个海滨小村庄。5 岁那年，他们全家搬迁到纽约布鲁克林区，父亲在那儿做木工，承建房座，他在那儿也开始上小学。由于生活穷困，他只读了 5 年小学，便辍学在印刷厂做学徒了。工作虽然辛苦，却没有阻止他爱上浪漫的诗歌，他像发疯一样，没日没夜地写。

1855 年 7 月 4 日，他自费出版了第一本诗集，初版印了 1000 册。薄薄的小书只有 95 页，包括十二首诗和一篇序。绿色的封面，封底上画了几株嫩草、几朵小花。他兴奋地拿了几本样书回家，弟弟乔治只是翻了一下，认为不值得一读，就弃之一旁。他的母亲也是一样，根本没有读过它。一个星期之后，他的父亲因风瘫病去世，也没有看过儿子的作品。

拿出去卖，很可惜，一本都没卖掉。他只好把这些诗集全都送了人，但也没有得到好评。著名诗人朗费罗、赫姆士、罗成尔等人则不予理睬，大诗人惠蒂埃把他收到的一本干脆投进火里，林肯看后也险些给家里的女流们烧掉。

社会上的批评更是铺天盖地，对他一大堆臭骂。伦敦《评论》报认为"作者的诗作违背了传统诗歌的艺术。他不懂艺术，正像畜生不懂数学一样"。波士顿《通讯员报》则把这本诗集称为"浮夸、自大、庸俗和无种的杂凑"，甚至写他是个疯子，"除了给他一顿鞭子，我们想不出更好的办法"。连他的服装、相貌都成为嘲笑的对象，"看他那副模样，就能断定他写不出好诗来"。

铺天盖地的嘲笑和谩骂声，像冰冷的河水，浇灭了他所有的激情。他失望了，开始怀疑自己：我是不是根本就不是写诗的料？就在他几近绝望时，远在马萨诸塞州康科德的一位大诗人被他那创新的写法、不押韵的格式、新颖的思想内容打动了。大诗人随即写了一封信，给这些诗以极高的评价：

"亲爱的先生，对于才华横溢的诗集，我认为它是美国至今所能贡献的最了不起的聪明才智的菁华。我在读它的时候，感到十分愉快。它是奇妙的、有着无法形容的魔力、有可怕的眼睛和水牛的精神，我为您的自由和勇敢的思想而高兴……"

这真诚的夸奖和赞誉，一下子点燃了作者心中那将要熄灭的火焰。他从此坚定了写诗的信念，一发而不可收。

他成为具有世界声誉和世界意义的伟大诗人，他唯一的诗集也成了美国乃至人类诗歌史上的经典。他就是现代美国诗歌之父——瓦尔特·惠特曼，那部诗集的名字叫《草叶集》。而当年那位写信对他予以赞美和鼓励的诗人，叫爱默生。

爱默生说："在我的眼里，没有野草，野草只是还没有被发现用处的植物。"所以，当惠特曼沉浸在对自己的失望的痛苦中时，他根本就没有意识到自己正在创造人类的奇迹，而他自己也已经成为了全世界最伟大的诗人之一。

睿智的女人面对嘲笑有一种潇洒和自信，她们不会冲动地反击或报复，而是以淡定的心态面对恶意的攻击和排斥，进行必要的沟通和了解，具体情况具体分析。

严格说来，"偏见只是一个无知的孩子"，只是一个惯性思维所犯下的经验性错误，所以我们应该以优雅淡定的姿态来对待别人的嘲笑，对待生活中的这一点儿不公平，而无须把事情想得太复杂，更无须对别人的嘲笑抱有敌意。

　　每个人都有可能会被别人扣错第一颗扣子，但是我们没有必要为此扣错余下的所有扣子。要相信：真相总会水落石出，所以做一个优雅的女人，淡定地面对别人的嘲笑，时间会给嘲笑者一个有力的回击。

第十一章

稳住一颗浮躁的心：
你看,玫瑰从不慌张

真正的高贵是身居高处，却能平视世界

一个人是否高贵与出身显赫没有关系，与身着名牌没有必然联系，高贵是人性中天然释放的聚光点，它不以外表的美丑、衣着、文明尺度来丈量，它是人内心潜存的精神意念，会适时地开启高贵这道门。

现实中，有的人认为地位特殊的人是高贵的；有的人认为享有优越生活的人是高贵的；还有的人认为穿着光鲜华丽的人是高贵的。其实，真正的高贵是指一个人心灵上高贵，与物质权位没有任何关系。

美国小说家海明威曾说："真正的高贵不是优于别人，而是优于过去的自己。"现实生活中，很多人以为自己身居要职而高高在上，为人处事便趾高气扬，这种高贵并非真正的高贵。真正高贵的人拥有一颗高贵的灵魂，即使是身居高处，也能平等地看待身边的人。

同样，一个女人自己是否高贵不是通过贬低别人的方式，而是心灵上真正的高贵，善良，以平等的姿态看人，既不高傲又不卑微，才能赢得更多人的尊重。

玛莎就是一位高贵而不高傲的第一夫人。独立战争期间，华盛顿是大陆军总司令，玛莎跟着丈夫来到波士顿郊外的营地，为丈夫和官兵们洗衣做饭。她十分体谅士兵们生活上的疾苦，常常探望并照料军中的病号，安抚想家的士兵。她的举动深深感动了官兵们，增强了他们战胜敌人的信心，玛莎也成为官兵们爱戴的对象。后来，华盛顿当选为美国第一任总统，玛莎也贵为第一夫人，但她从不参政，她依然生活简朴、举止含蓄，也从来不乱摆第一夫人的架子，保持一个受人爱戴的"国母"

形象。

　　一个身居最高处的女人，能抛弃傲慢和虚荣心，沉下心来平视世界，这是多么难得啊！其实，生于这个世间，人与人之间都是平等的，本无高低贵贱的差别，只是人为将其分开，所以往往造成很多人对那些高高在上的人阿谀奉承，对那些不如自己的人轻蔑鄙视。

　　现实中，有些人自以为是，心中没有平等的观念，总喜欢拿别人的缺陷或长相来歧视他人，因为某个人的身份或者地位而看不起他，而实际上无论我们是谁，我们的父母是谁，我们都有在这个世界上存在的理由，每个人都是平等的，而不是分为三六九等的。

　　玄素禅师在京口鹤林寺做住持的时候，这一天，有一个屠夫来拜访，希望在他家中为和尚办斋供。

　　玄素禅师二话没说，高兴地答应了，并欣然去了屠夫家。众人对禅师的举动感到很惊讶。玄素禅师当然也洞察到僧众内心的疑问，于是回来后对众人解释道："众生佛性平等，无论对贤人、对愚人、对善者、对恶者，都是一样的。凡是可超度的人，我就超度他，使他解脱俗世的烦恼和苦难，又何必去区别众生的贤愚善恶呢？"

　　屠夫也好，显贵也罢，刽子手也好，慈善家也罢，世间所有的人在佛的眼里皆平等，哪里分谁聪明、谁愚钝、谁善良、谁凶恶呢？所以玄素禅师不但毫不犹豫，而且欣然愉快地接受屠夫的邀请去屠夫家做客。

　　众生平等，女人们要学会以一颗平等之心善待别人。对那些条件不如自己的人给予理解与关怀，每个人在这个世界上存在都很不容易，对别人多一些理解，而非嘲笑与挖苦，哪怕只是扫大街的清洁工，也要善待他们。他们也和别人一样每天起早贪黑地忙碌，也正是因为他们的存在，城市才被装点得更加美丽。

平等待人，会让女人变得博爱，胸怀宽广，这才是真正的高贵。越是真正的大人物越是谦虚谨慎、平易近人。真正的大人物深知怎样与平凡人相处，绝不会轻蔑、压制平凡人，在对待普通人的行为中却能显示出他的伟大之处。

1983 年 11 月 1 日，里根总统的办公室里请进了一位小客人。他叫比利，只有 7 岁。比利患了一种绝症，医生说他不会活过 10 岁的生日。但当时小比利心中却有一个美好的梦想——当美国总统。

里根总统得知此事后，决定让小比利当一天临时的美国总统，而自己则做这位"小总统"的助手。

里根向"小总统"详细介绍了日常工作和职务范围，随后就忠实地侍候在小比利的身边。部下呈上的文件，"小总统"都请里根参加讨论，取得一致意见后，请里根代签并盖章。

在办公之余，里根与"小总统"进行了友好的交谈。里根告诉比利，他自己 7 岁时，只梦想成为一名消防队长，还未曾想到过当总统。小比利听到这些很高兴，当然更让他高兴的是他终于"实现"了他的总统梦。

真正的大人物之所以能成为名副其实的大人物，主要不是因为他的权力、地位、财富和虚名，而是因为他的品德和贡献。真正的大人物都有一个奉献给别人的共同礼物，那就是"无限的慈悲"。

一位身居高处的国家总统，以自己的宽容与爱心，帮助一个 7 岁的孩子实现了他的美好梦想，这是一种高贵。较之某些自以为身穿名牌，却有着一副苛刻心肠的人来说，里根总统的高贵，才是真正的高贵。

好心态的女人往往都有一颗高贵而善良的心灵，任何时候都充满自信，不妄自菲薄，当然，也不妄自尊大，平等地看待自己和他人，平等地对待世界。

梦想：潜伏心底的另一个自己

女人，只有在一种长期的精神的追求、熏陶和积淀下才能练就一颗诗意的心灵，才能挖掘青春的灵性，才能于光阴的两岸，在生命的匆匆流逝中，让青春永驻心田。

梦想对一个人是很重要的，一个没有梦想的人，就像一只断了线的风筝一样，没有任何的方向和依靠；就像大海中一艘迷失了方向的船，永远都靠不了岸。同样，梦想是每个女人生命中不可或缺的部分，没有泪水的人，她的眼睛是干涸的；没有梦想的人，她的世界是黑暗的。怀揣理想，我们即可轻舞飞扬。

有一位哲人说过："很难说世上有什么做不了的事，因为昨天的梦想可以是今天的希望，还可以是明天的现实。"一个女人，脑子里不能老想着房子、车子、时装、男人和放纵，这样的女人缺乏灵性也老得快。一旦红颜不在，内在的苍白和俗气就将暴露无疑。

幸福的路上，是走过风，走过雨，走过梦想的港湾。

陈丽华是中国香港富华国际集团主席，同时也是中国紫檀博物馆馆长。在《福布斯》中国内地100富豪榜上，60岁的中国香港富华国际集团董事长陈丽华排名第6位，身价6.4亿美元，媒体追捧她为"中国内地第一富婆""中国内地最富有的女企业家"。

人称陈丽华是"投资型的女企业家"，投资地产大获成功身价烜赫之后，花甲之年的陈丽华转而打起了传统文化牌。面对很多人的不理解，陈丽华自己说："这些年我所做的一切都不过是证明了我的商业眼光，在我的内心深处总有一个梦想，那就是紫檀文化。"

　　陈丽华出生于北京颐和园，因为是满族后裔、正黄旗世家，祖上留下了很多紫檀木家具。

　　事业成功之后的陈丽华移居到中国香港，一天夜里她突然被自己一直以来的一个梦想折磨得睡不着，当时是凌晨 3 点钟，她却把儿子女儿都叫了起来。

　　儿女们对妈妈的梦想完全同意。后来，陈丽华回到了北京，成立了房地产公司，交给儿子打理，自己则全心投入到弘扬紫檀文化的梦想当中。陈丽华对紫檀的喜好近乎"痴狂"，她每年都要携重金远赴北回归线以南的热带雨林地区，查访紫檀的生长环境和木质属性，并收集檀木资料。她顶着 40 摄氏度的高温穿行于野兽出没、蟒蛇肆虐的原始森林，有一次突遭热带毒蜂袭击，被铺天盖地的蜂群追赶，幸亏及时找到掩体才避过灾难。

　　由于对梦想的执着追求，陈丽华创建了首家国字头私人紫檀博物馆，尤以故宫藏品家具器物为标，集聚数百工匠，数年如一，秉承"一凿、二刻、七打磨"，完全手工，完全卯榫组法，制成逾千精品，使古老故宫遗产得以复活，令中国传统手艺发挥极致。

　　梦想，恰如女人幸福的衣衫，有梦的女人总会显得浪漫而多彩，生活不会被现实的冷酷和无味所榨干，她们可以时时刻刻用一些细微的梦想来充实自己的生活。身为新时代的女性，与其做成功男人背后的女人，不如做幸福的女人，拥有梦想，拥有一份淡定的生活。

　　梦想像花朵一样，一旦浇灌，就能给人幸福愉悦的体验。现在已经有越来越多的女性愿意选择坚持梦想，勇敢地去追求。有人说："梦想一旦被付诸行动，就会变得神圣。"因此，我们要坚持不懈于自己的梦想，只要付出足够的努力，都会得到丰厚的回报。

　　每个女孩儿都曾经有这样一个梦想，幻想有一束光点亮平淡的生活。那一刻，被聚光灯照耀的美丽，无与伦比；那一刻，被万众瞩目的芳华，绽放出华美光芒。名模设计师马艳丽真情诉说：女人，在梦想中绽放！

马艳丽被誉为中国第一名模，她在 T 型台上是人们目光的焦点。她身上典雅的东方气质中透着迷人的现代气息，身为"Maryma Series"品牌的创始人，她成功开创 MARYMA 高级定制系列，备受各界关注。

2007 年贝克汉姆来北京，马艳丽还亲自为他设计了一件中式风格的球衣送给他，小贝非常喜欢。"那时候知道小贝要来北京，就想着要做一件衣服送给他，结果就设计了一件小立领的运动衣"，那件衣服袖子上绣着代表中国特色的一条龙，背后的球衣号码"23"也是全部用"贝"字绣成的，球衣选用了小贝最喜欢的黑色和黄色，是一件非常具有中国风格的运动服，送给小贝后他也非常喜欢。面对梦想的男人，马艳丽并没有压抑自己的倾慕和热情。

从运动员、国际名模，再到服装设计师、商人，马艳丽人生角色的转变，都有一个相同的字眼叫"成功"。马艳丽说："作为一名女性设计师，我的梦想是制造美丽，也希望用自己的方式诠释我们女人心中的梦想。"

作为女人，也许我们会认为女人成就梦想比男人要更为艰难，事实上，所有的梦想都像高高飞在天空的风筝，是一直仰头看着风筝越飞越远，还是尽可能地拉回奢望的线，让梦想接近地面，具有踏踏实实的烟火感，这是所有人都有可能面对的人生命题。

毋庸置疑的是，梦想只有接近地气，才能更具有生气和活力。这份勃勃生机的营养与厚重，只有地气能给，也只有脚踏实地才能行得通。一个有生活、有美好追求的女人，可以把"梦"做得高些。虽然开始时是梦想，但只要不停地做，不轻易放弃，梦想就能成真。

优雅展现才华，用实力说话

勤劳的生命会为自己和他人带来愉快的享受。勤劳的生命是长久的，像一兜富有韧性的常青藤。我们每天都在为一项有意义的事业而思考、而行动，因而也会获得忙碌的快意和收获的喜悦。点点滴滴的付出在一天天开花、结果，这种幸福感是绵绵不绝的。

在生活中，有许多人才华横溢，但因为不会表现、推销自己，而不被众人所知，没有找到发挥才华的舞台，他们只得哀叹无人赏识，怀才不遇。事实上，我们要在社会的舞台上与众人竞技，而不是在封闭的角落里独自吟思，孤芳自赏。

这个社会，有些男人不太可靠，女人与其把希望寄托在某个男人身上，不如好好工作，赚钱爱自己，这样才能体现出个人的才华和知性的美丽。

在朱莉还没有结婚的时候，她渴望嫁给一个喜欢的人，做一个全职太太，享受着安逸幸福的生活。

结婚后，收入颇丰的老公给了她一个安逸的家庭，同时让她过上了全职太太的生活。朱莉对这样的生活也十分满意，无忧无虑，不用为生活担心。她整日在家里收拾家务，照看孩子，每天做满满一桌子菜等丈夫回家，全身心地为自己的小家服务。

由于婚后一直蜗居在家里，朱莉很少跟外界接触，繁忙的家务活也让她有些跟不上时代的变化。朱莉偶尔也会陪丈夫参加一些社交活动，每每这时，她都会产生一种强烈的自卑感。她既插不上丈夫与同事之间的经济话题，更不了解那些太太们口中所聊到的时尚杂志、名牌包包，她整晚只能一个人在那儿傻坐着。这种尴尬经历多了，老公也开始指责起她，经常说她的"精神世界一片空白"之类的话，心酸的朱莉默默流泪。

30 岁那年，丈夫离开了她，只给了她三年的赡养费。当时，她哭着说："我哪知道现在外面的世界变成这样？我一无是处，又有哪个地方会要我呢？"痛定思痛后，朱莉决定自己站起来，不再依赖任何人。

朱莉先是报名参加了一个短期培训班，学习了一些日常工作的技能，然后去做了一个公司的小职员。她明白，自己要想真正独立起来，就必须通过工作体现出自己的价值。于是，她边工作边学习，重新拾起丢弃了多年的专业书，重新学习。

朱莉的进步很快，进入公司三个月后就得到晋升。当然她不满足于现状，更加努力、拼命地工作。三年之后，她成为公司的副总经理。做到这一步的朱莉，不仅生活独立，精神世界更是自由。她经过思考，放弃了高职位，而选择了自己开创事业。

如今，36 岁的朱莉有了自己的事业，工作中的她是优雅的，生活中的她更是淡定自若，再也不担心某个男人抛弃她了。

经历了离婚的朱莉才意识到自己必须独立思考，必须自力更生，独立生活。好在她及时醒悟，并实现了自己的人生价值。由此可见，女人要独立，当然不是仅仅指经济上的独立，更重要的是获得精神上的满足。

丘吉尔说过："一个人最大的幸福就是在他最热爱的工作上充分施展自己的才华。"优雅的女人，总会在适当的位置上努力打理工作。她们忠实、勤奋，即使只是一份普通的工作，她们也会用对待事业的热忱去经营。

在适当的位置上勤奋工作，能使女人保持一种旺盛的精力。劳累一天能为我们带来愉快的睡眠，

身为女人，我们要记着，工作中没有性别之分，这是一个靠实力说话的时代，而不是凭借性别可以取得优势的。有了实力，你才会被重视，工作中，你的意见和建议才会引起上级的

关注。如果你没有任何本事，即使你有好的建议，也不会引起重视。

在职场中，老板看中的是业绩和能力，而非性别。据一项职场调查显示：有78%的经理人认可"职场中性"。这说明，工作中，没有人因为你是"娇娇女"，会使用"泪弹"，就降低对你的要求，给你大开方便之门。职场中是没有性别可言的，一切都靠自身的实力说话。

几年前，张灵大学毕业，找了一份业务员的工作，但是她始终没有摆脱自身上学期间娇气的脾气，吃不了苦头。她总认为自己刚刚步入社会，同事和客户应该体谅、宽容她，不会刁难自己。就算工作出了差错，领导也不能指责于她。于是，她总是认为工作没什么难的，实在完不成任务对自己的主管使个小性子，哭诉一下就行了。可是，张灵错了。由于她的工作不积极主动，她负责的区域业绩直线下滑。主管找她谈话，非但没有原谅她，还让她去重新实习。后来她才明白，工作中没有人把她当女人看，所以她要努力积累自己的工作经验，练就一身过硬的本事，靠自己的实力来说话。

所以，在职场中，无须也不宜过多地考虑自己的性别，过分地强调自己的性别特征只会对个人发展不利。在经济上、精神上完全依附男人的做法万万不可取，女人只有好好工作，才能保障幸福。爱情需要物质基础作为支撑，用自己的薪水养活自己，一来可以减轻男人的负担，二来可以保障幸福，而且工作可以赋予女人魅力——这是一举多得的事情，女人又何乐而不为？

女人，应该虚心学习，甚至是从头学起。如果你想要在IT行业崭露头角，你就应该提高自己的编程能力和组织架构能力，如果你想在金融行业稳稳立足，你就要补充充足的金融信息，如果你想在旅游行业成为佼佼者，你就要掌握充足的景点知识和旅游法律知识……

工作中有了实力，我们可以时常体味工作的乐趣以及自己创造的价值，最关键的是可以获得很大的财富。有了才华，你就有了"通行证"，走到哪儿你都能找到满意的工作，是你挑工作，而不再是工作挑你。

　　这是一个开放的社会，每个人都要在这个开放的大舞台上靠实力说话，而不是在一个封闭的角落里独自吟思，孤芳自赏。只有学会在工作中优雅地展现自己，我们才能被赏识，才能真正得到自己所该得到的最好待遇，发挥出自己更大的专长，最终实现自己的人生梦想。

用执着追求成就人生

　　任何理想都因为执着的追求而绽放光芒，生活如此，爱情如此，事业也如此，因此，每一个想成功的女人，都应该将"执着"二字铭记在心。

　　喜欢郊游的女人也许看到过这样的画面：站在田野上，层层叠叠的一大片向日葵，望过去是满眼的灿烂。向日葵全部扬起笑脸朝向太阳，任由金色的阳光铺洒在它们身上。只要有太阳，向日葵就不会注视其他的方向，这就是向日葵一生执着的追求。

　　成功之路充满了艰辛与坎坷，女人只有具备执着的精神，坚持到底，才能一步步登上事业的高峰。

　　日本八佰伴百货集团创业初期，一场大火把水果铺付之一炬，但和田一夫并未放弃，而是花了一年时间，建起了比原来大5倍的新水果铺。

　　美国著名的宇航专家在1942年发明了火箭。在这之前，他做了65121次设计更改，在29次试验中失败了23次，但是每天早上起来，他总是这样告诉自己："今天又会失败，但没关系，明天再来。"因为屡败屡战不放弃所以成功，这也是所有成功者的共同经验。

要想人前显贵，就必须有坚强的意志，要把难熬的寂寞、忧伤、艰辛强压在心底，迎难而上。即使身处逆境或遭遇失败，也要相信明天一定能够成功，并要为此不懈努力和奋斗。只要有了这种坚韧不拔的精神，没有事情是做不到的。

美国阿拉斯加州的比尔和雷诺，是两个精力充沛而有理想的青年，他们不甘心贫穷，一起来到非洲腹地寻找传说中的宝石。在荒芜人烟的山谷，比尔和雷诺一块块地拣着矿石，从事着枯燥无味、辛苦劳累的工作。

时间一天天过去了，他们拣来的矿石也在一天天增多。比尔和雷诺的手掌已经磨破了，身上被火辣辣的太阳晒脱了一层皮，浑身被蚊虫叮咬得全是脓包。在拣到9999块矿石之时，雷诺想着身心忍受的痛苦，想着成功的艰辛，便不愿意坚持了，他决定离开。

比尔说："我们已经拣到了9999块，就这样半途而废了吗？在困难面前，你要沉得住气，再拣一块不就凑到1万块了吗？说不定最后一块就是宝石。"雷诺不耐烦了，他恼怒地说："现在谁还抱有你这种想法，那他肯定是个傻瓜。"说完扭头便离开了。

比尔看着雷诺消失的背影，深深地叹了口气，随手又将一块矿石拣起。很快他便感到手中的这块矿石沉甸甸的，与以往的矿石大不相同，仔细一看，原来真的是日思夜想的宝石。回到阿拉斯加州后，比尔将宝石卖掉，用赚得的钱开办了一家钢铁厂。

几年后，当雷诺还在四处流浪时，比尔已经成为美国赫赫有名的钢铁大王。有人问他成功的秘诀是什么，他感触良深地说："我成功的秘诀就是'坚韧'二字。成功和失败只有一步之遥，在艰难困苦、恶劣的环境面前，谁能忍受，并在绝境中抗争，谁就是胜利者。"

也许很多女人就像雷诺一样，在困苦面前，没有坚持自己的理想，从而错失了成功的机会。在我们的身边，能够亲眼目睹很多人被拒之于成功的大门之外，他们失败的原因往往是缺少一份再试一次的勇气和再坚持一下的决心。古往今来，成大事的人身上几乎都有一个最明显的个性，那就是坚定执着。

美国第一夫人南希曾经写道："我的人生目标就是拥有一次成功而幸福的婚姻。"在嫁给里根之后，南希将所有的爱都毫无保留地倾注到里根身上。她对丈夫的爱几乎到了无以复加的地步，甚至默默地忍受着 10 年的孤独光阴，沉默不语。当她的丈夫身患重病，已经不再认识她、不再记得她时，她依然没有放弃，静静地在那里守候……直到陪伴自己的爱人走完人生的最后一段路程。这是对爱的执着。

每个女人都想获得成功，但真正能实现理想的往往是少数人。大多数女人遇到困难，便会心灰意冷、消极颓废，最终选择了放弃。其实，真正打败她们的并不是眼前的困难，而是软弱的意志力让她们半途而废。

在美国，有一位穷困潦倒的年轻人，即使身上全部的钱加起来都不够买一件像样的西服的时候，仍全心全意地坚持着自己心中的梦想，他想做演员，拍电影，当明星。

当时，好莱坞共有 500 家电影公司，他逐一数过，并且不止一遍。后来，他又根据自己认真划定的路线与排列好的名单顺序，带着自己写好的为自己量身定做的剧本前去拜访。但第一遍下来，所有的 500 家电影公司没有一家愿意聘用他。

面对百分之百的拒绝，这位年轻人没有灰心，从最后一家被拒绝的电影公司出来之后，他又从第一家开始，继续他的第二轮拜访与自我推荐。

在第二轮的拜访中，500 家电影公司依然拒绝了他。

第三轮的拜访结果仍与第二轮相同。这位年轻人咬咬牙开始他的第四轮拜访，当拜访完第349家后，第350家电影公司的老板破天荒地答应愿意让他留下剧本先看一看。

几天后，年轻人获得通知，请他前去详细商谈。

就在这次商谈中，这家公司决定投资开拍这部电影，并请这位年轻人担任自己所写剧本中的男主角。

这部电影名叫《洛奇》。

这位年轻人的名字就叫席维斯·史泰龙。现在翻开电影史，这部叫《洛奇》的电影与这个日后红遍全世界的巨星皆榜上有名。

水滴石穿，绳锯木断。所以有了理想还不够，还要看有没有坚持追求理想的勇气和信心。如果做事情总是三心二意，即使是天才，也会一事无成的。只有具备恒心，点滴积累，才能看到成功之日。勤快的人能笑到最后，而耐跑的马才会脱颖而出。

相信任何理想都会因为执着的追求而绽放光芒，努力坚持才能成就辉煌人生。执着的女人不会因现实的冷酷而放弃对成功的守望，属于她们的梦想之花终究会华丽盛开。

急于求成不如耐心等待

凡事都要讲究循序渐进。有了量变才会有质变，万不可焦躁，如果快速完成某件事，其效果未必会好，甚至大失所望，所以不可急于求成。

现实中，人们为了做成某件事情，往往四处寻获机会，想尽一切办法去达成。努力争取本没有错误，如果我们急于求成，往往会得到相反的结果。因为急于求成是永远不会获得想要的效果的，只有脚踏实地才能获得最终的成功。

古语说："欲速则不达。"的确，我们做任何事情如果只是一味求急图快，违背了客观规律，后果只能是欲速则不达。所以说，一个人只有摆脱了速成心理，一步步地积极努力，步步为营，才能达成自己的目的。

有一个小男孩儿，对一些生物特别感兴趣。在一次生物课上，老师给他们讲了一个破茧成蝶的故事。这个男孩儿非常好奇，他很想亲眼看到一个静止不动的蛹是如何变成翩翩起舞的蝴蝶的。

一天，这个男孩儿的爸爸带他去野外玩。幸运的是，他意外地在草丛中看见一只蛹。于是，这个男孩儿就把它带回了家，然后放到一个容器里，天天仔细观察。

几天以后，男孩儿发现这条蛹的身上出现了一条裂痕，里面好像有一只不成形的蝴蝶在挣扎，试图抓破蛹壳飞出，一次又一次，几个小时过去了，它还是没能抓破外壳。

看到那个弱小的蝴蝶在蛹壳里辛苦地挣扎，男孩儿有些不忍，更是替它着急。男孩儿灵机一动，我为什么不帮帮它呢？想到这里他便拿起一个小剪刀将蛹壳剪开，蝴蝶也随之破蛹而出。

男孩儿想，这下蝴蝶就可以不受约束地飞起来了。但他没想到的是，蝴蝶不仅没有飞起来，而且几个小时后就死去了。蝴蝶挣脱蛹以后，因为翅膀不够有力，根本飞不起来，只能痛苦地死去。

蝴蝶之所以死去，是因为外力的帮助反而让爱变成了害，违背了自然的过程。破茧成蝶的过程原本就非常痛苦、艰辛，但只有通过这一经历才能换来日后的翩翩起舞。其实，我们的人生也是这个道理。

我们做任何事都不能违背客观规律，急于求成只能导致最终的失败。做人做事都应放远眼光，注重知识的积累，厚积薄发，自然会水到渠成，达成自己的目标。很多事情都必须有一个痛苦挣扎、奋斗的过程，而这也是我们锻炼得坚强，成长得更有力的一个过程。

有些浮躁的女人，当看到朋友有一部文学作品在社会上引起强烈反响，就想学习文学创作；看到外语在人际交往中起重要作用，又想学习外语……由于她们对成功的长期性、艰巨性缺乏应有的认识和思想准备，只想急于求成，一旦遇到困难，便失去信心，打退堂鼓，最后哪一种技能也没学成。如此浮躁，时光匆匆溜掉，到头来只落得个白发苍苍、两手空空。

好心态的女人身上有一种耐得住寂寞的品质，耐得住寂寞是一种有价值、有意义的积累。只要我们耐心等待，经得起寂寞的考验，不断充实、完善自己，当机遇向你招手时，你就能很好地把握，获得成功。

耐得住寂寞，是所有成功者所必须经历的一个考验。它以踏实、厚重、沉思的姿态作为特征，追求着一种人生的目标。不仅仅是工作，人生中多数的事情都是如此。人生如负重远行，不可急于求成。美好的事物往往需要沉下心来慢慢等待，即使它姗姗来迟，总好过因急躁而失败。

人都是一步步走的，不能忽视每一步。急于求成、恨不能一日千里，往往事与愿违，大多数人知道这个道理，却总是与之相悖。生活中，很多人做事常常犯此类错误，好心态的女人做事总是不急不躁，循序渐进地修炼自身，然后水到渠成地收获自己的幸福。

女人需要耐得住寂寞才能守得住繁华，女人之间比的不仅是美貌与青春，有时，经验和智慧更重要，一个智慧的女人，对于男人来说，就像一幅历代更迭的名画，虽有残破，但更有价值，也是唯一的，不可能再生的。年轻貌美而无脑的女孩儿子，多得就像货柜上的可口可乐，喝不喝都无所谓。

老子说："企者不立，跨者不行。"成功是一个水到渠成的工程，伟大的成功是耐心堆积而成的！生活是需要耐心的，更是需要勇气的，耐心要经得起眼前的诱惑，意味着要顺其自然，意味着无为而无不为。

急于求成只会导致最终的失败，所以我们不妨放远眼光，注重自身知识的积累，厚积薄发，自然会水到渠成。耐心等待不是无为，而是一种修行，一种远见智慧。不要采摘没有成熟的果实，否则，你品尝的一定是苦果！成熟是自觉自悟，只要我们顺其自然，不急于求成，你得到的一定是成熟的果实……

在生活中，女人应当保持一颗谦虚淡然的心，唤醒自己内心深处的宁静，在生活中不断提升自我，一颗洁净无比的心，也就是一片洁净王国。

切莫在迁延与拖沓中摇摆

一日有一日的理想和决断，昨日有昨日的事，今日有今日的事，明日有明日的事。今日的理想，今日的决断，今日就要去做，一定不要拖延到明日，因为明日还有新的理想与新的决断。

对任何一个渴望有所成就的女人来说，迁延和拖沓是最具破坏性的，这是一种最危险的恶习，它使人丧失进取心，迷失自己的目的。一旦开始遇事拖拉，就很容易再次拖延，直到变成一种根深蒂固的习惯，为自己的成功制造不可逾越的鸿沟。

每个女人对自己的人生都有着种种的憧憬、美好的梦想、合理的计划，如果我们能够将这一切的憧憬、梦想与计划，迅速地加以执行，那么我们很可能在事业上取得伟大的成就！然而，生活中，很多女人总是一味地拖延，不去立即行动，再好的计划到最后也会使充满热情的事情冷淡下去，使幻想逐渐消失，使计划最后破灭。

但是生活中就是有那么一些女人，在做事的过程中养成了拖延的习惯。放着今天的事情不做，非得留到以后去做，其实在拖延中所耗去的时间和精力，就足以把今日的工作做好。所以，把今日的事情拖延到明日去做，实际上是不合算的。有些事情在当初来做会感到快乐、有趣，如果拖延了几个星期再去做，便感到痛苦、艰辛了。

凯莉是一个漂亮又可爱的小姑娘，在家听父母的话，在外遇到熟人总是先礼貌地称呼对方。邻居们都很喜欢她。可是她有一个坏习惯，那就是她每做一件事情，都要花费大量的时间来抉择与准备，而不是马上行动，事后总是后悔不已。

一天，凯莉正坐自己家门口出神。这时，有一个邻居路过，看她没事可做，就好心告诉她自己家的牧场里有很好的水果可以自由采摘，但由于人手不够，他想找别人来采摘，然后他将会把所有采摘的水果以每公斤 15 美分的价格收购。

凯莉听到这个消息后高兴坏了，她原本想在暑假内通过自己的努力挣得一笔钱，买下那个她期待了很久的音乐盒。于是，她谢过邻居，马上回家准备。

凯莉回到了家里，她不是立刻找出篮子准备出门，而是在家里埋头计算采 5 公斤水果可以挣多少钱。她拿出一支笔和一块小木板，认真计算起来，结果是 75 美分。

"要是能采 10 公斤呢？"她满怀希望地想着，"那我又能赚多少呢？"

"上帝呀！"她得出答案，"我能得到 1 美元 50 美分呢。那个音乐盒好像要价是 2 美元，那么我需要采多少公斤水果呢？

凯莉接着算下去，"差不多要 15 公斤的水果。如果我明天还继续去采摘呢？是不是可以挣到更多的钱。比如我采了 50、100、200 公斤……"就这样，凯莉将一上午的时间都浪费在计算这些毫无意义的数字上，转眼已经到了吃午饭的时间，她只得下午再去采水果了。

凯莉吃过午饭后，急急忙忙地拿起篮子向牧场赶去，到了地点，却发现大家早就把好采的水果都摘光了，只剩下一些挂在高处也还没有成熟的水果。可怜的小凯莉最终只采到了一点点水果，她所有的想法都泡汤了。

　　凯莉把时间白白浪费在计算那些无用的数字上了，而失去了采摘水果的时间。因而，她最喜欢的音乐盒也没能买到。如果她听到邻居的话，立即行动，也许就会实现自己美好的愿望。由此可见，犹豫不决是一个人成功路上最大的敌人。一个人对付优柔寡断最好的办法是要果断、勇敢、自信，随时提醒自己对于任何事情都不要犹豫不决。

　　因此，如果我们决定做一件事情，或者有一个想要实现的梦想就应该立刻行动起来。因为拖延会侵蚀人的意志和心灵，消耗人的能量，阻碍人的潜能的发挥。处于拖延状态的人，常常陷于一种恶性循环之中，这种恶性循环就是："拖延——低效能＋情绪困扰——拖延"。为此，他们常常苦恼、自责、悔恨，但又无力自拔，结果完全丧失了自己的目的性，最终一事无成。

　　所有顶级成功人士都有一个共同的习惯——那就是立即行动。要知道，100 次心动不如一次行动，一个实干者胜过 100 个空想家。

　　《把信送给加西亚》一书讲了这样一个故事：100 多年前，美西战争即将爆发，美国必须立即跟西班牙的反抗军首领加西亚取得联系。加西亚在古巴丛林的山里，没有人知道确切的地点，无法带信给他。美国总统必须尽快地获得他的合作。这时有人对总统说有一个名叫罗文的人，有办法找到加西亚，也只有他才能找得到。他们把罗文找来，交给他一封写给加西亚的信。

　　罗文接到这封信以后，没有提出任何完成任务需要解决的困难，只是把信装进一个油布制的袋里，封好，吊在胸口，划着一艘小船，四天之后的一个夜里在古巴上岸，消失于丛林中。在三个星期后，罗文把信送给了加西亚将军——一个掌握着军事行动决定性力量的人。

　　罗文中尉最终赢得了成功，而使他完成任务的最重要的东西并不是他的军事才能，而是他接到任务后的立即行动，绝不拖延，并且在完成任务过程中保持认真、努力的工作状态。拖沓，是人生的冰点，冷冻了你积极的灵魂。如果你想废除拖延的习惯，实现自己的目的，就一定要养成遇事果断的作风。只有这样，你才能抓住工作中的每一个机会，为自己纵横职场赢得成功的砝码。

　　"今日事今日毕"，这个古训人人都知道，但"做一天和尚撞一天钟""能拖一天是一天"的状态才更接近我们的现实。现实中。很多女人面对一大堆杂事心情焦虑，却没有任何想做事的心情，每到最后关头，才能痛下决心要把事情做完。

　　我们要想从根本上克服犹豫不决、优柔寡断的弊病，可以从以下几个方面入手：

1. 及早行动

　　多数女人总是想得多，做得少。其实，迟疑是成功的最大禁忌。良好的条件是等不来的，唯有依靠行动才能创造有利因素。可以建立一个行动计划，列出需要进行的每一小步。开始做有关的事情，哪怕很小的事，哪怕只做 5 分钟，只要做出来，就是一个好的开端，会带动你更容易地做更多的事情。分割目标，设定期限，并及时检查、督促自己。

2. 克服惰性

　　尽管你是个尽职尽责的女人，对于某些工作还是可能出现拖延现象。女人是很情绪化的，如果遇到自己不喜欢做的事情、难做的事情，或者难做决定的事情，心里就会因恐惧或惰性迟迟不会行动。

　　克服拖延就必须克服惰性，万事开头难，要把不愿做但又必须做的事情放在首位，而对于难做的事可以试着把困难分解开，各个击破；对于那些难做决定的事，则要当机立断，因为最坏的决定是没有决定。

3. 避免完美主义

心态好的女人不苛求自己十全十美，完美主义是很多女人存在的弊病，也是拖延工作的常见原因。完美主义者通常因担心无法将工作达到一个高标准，最终变得谨小慎微，固执于细节，力图掌握住工作中的方方面面，而忽略了工作的推进，直到最后一分钟的来临。

专注让每辆劳斯莱斯成为艺术品

人生之路始于念，事业有成在乎心。一心一意专心去做事的女人才能获得成功，专注催化成功，专注收获财富。

现实生活中，很多女人不缺乏才气及毅力，而是缺乏持之以恒"专注一个目标"的能力。结果，往往无所建树，最终与成功擦肩而过，少看了许多人生的风景，留下了遗憾。如果我们能在各种各样的事情上，多一分专注，多一分坚持，"专注去做事，专注于本职工作"，也许有一天，你也会成为一个一鸣惊人的女人！

一个女人专注地对待一份感情，感情肯定甜蜜；女人专注对待一个家庭，家庭肯定幸福；女人专注对待一项工作，工作肯定快乐……

专注的力量是巨大的，专注于小事，可以干成大事；专注于大事，可以成就伟业。劳斯莱斯的成功主要依赖于专注的力量。

劳斯莱斯（Rolls- Royce）是世界顶级豪华轿车厂商，1906年成立于英国，劳斯莱斯的轿车是顶级汽车的杰出代表，它以一个"贵族化"的汽车公司享誉全球，同时也是目前世界三大航空发动机生产商之一。2003年劳斯莱斯汽车公司归入宝马集团。

劳斯莱斯的成功得益于它一直秉承了英国传统的造车艺术：精练、恒久、巨细无遗。更令人难以置信的是，自1904年到现在，超过60％的劳斯莱斯仍然性能良好。劳斯莱斯超高的工艺水准和无与伦比的对于品质的追求使其在漫长的历史中不断塑造人类造车的经典，劳斯莱斯奉行的理念是"把最好做到更好，如果没有，我们来创造"。

无论劳斯莱斯的款式如何老旧，造价多么高昂，至今仍然没有挑战者。劳斯莱斯高贵的品质来自于它高超的质量。它的创始人亨利·莱斯就曾说过："车的价格会被人忘记，而车的质量却长久存在。"

有钱不一定能成为劳斯莱斯的车主，这个制造汽车的企业奢华到了可以选择顾客的程度。知名的文艺界、科学技术界人士，知名企业家可以拥有白色，政府部长级以上高官、全球知名企业家及社会知名人士可以驾驶银色，而黑色的劳斯莱斯只为国王、女王、政府首脑、总理及内阁成员量身打造。

劳斯莱斯最与众不同之处，就在于它专注于每一个工艺，哪怕是每一处细节。直到今天，劳斯莱斯的发动机还完全是用手工制造。据统计，制作一个方向盘要15个小时，装配一辆车身需要31个小时，安装一台发动机要6天。正因为如此，它在装配线上每分钟只能移动6英寸。制作一辆四门车要两个半月，每一辆车都要经过5000英里的测试，所以一般订购劳斯莱斯的客户都需要耐心地等候半年以上。

每辆劳斯莱斯车头上的那个吉祥物——带翅膀的欢乐女神，她的产生与制造的过程，更是劳斯莱斯追求完美的一个绝好的例证。这尊女神像的制作过程也极为复杂。它采用传统的蜡模工艺，完全用手工倒模压制成型，然后再经过至少8遍的手工打磨，再将打磨好的神像置于一个装有混合打磨物质的机器里研磨65分钟。做好的女神像还要经过严格的检验。

柔软的小草，却能顶动沉重的顽石。这，便是专注的力量。专注让每辆劳斯莱斯汽车成为一件艺术品。成就大事的人不会把精力同时集中在几件事情上，而只是关注其中之一。手里做着一件事，心里又想着另一件事，这只能让每件事情都做不好。

黑格尔说："那些什么事情都想做的人，其实什么也不能做。一个人在特定的环境内，如果欲有所成，必须专注于一件事，而不分散他的精力在多方面。"是啊，女人的精力是很有限的，要取得事半功倍的成就，必须集中精力，一次只做一件事。

一位成功的企业家在告别商场之际，应一些年轻人的要求，公开讲一下自己一生取得多项成就的经验。

那一天，现场真是座无虚席。奇怪的是企业家并不说话，观众们却看到舞台上吊了一个大铁球。企业家用手示意两位工作人员抬上来一个大铁锤，然后他示意两位身强力壮的年轻人用这个大铁锤去敲打那个吊着的铁球，并把它荡起来。

只见，一个年轻人抢着抢起大锤，全力向那吊着的铁球砸去，可是那铁球却一动也没动。另一个人接过大铁锤把铁球打得叮当响，可是铁球仍旧一动不动。

台下的观众们都以为那个铁球肯定动不了，这时，企业家从上衣口袋里掏出一个小锤，对着铁球敲了一下，然后停顿一下再敲一下。人们奇怪地看着，企业家敲一下，然后停顿一下再敲一下，就这样持续地做。

10分钟过去了，台下的观众开始坐不住了。企业家依然不发话，只是敲一下停一下。20分钟过去了，会场开始骚动，有人甚至离开了。企业家仍然不理不睬，继续敲着。

大约一个小时的时间过去了，台下的观众走得只剩下几个人了。突然，坐在前面的一个妇女突然尖叫一声："球动了!"其余的几个人们聚精会神地看着那个铁球。那球以很小的摆度动了起来，不仔细看很难察觉。慢慢地，只见那个铁球在企业家一锤一锤的敲打中越荡越高，场下的几名观众鼓起掌来。

在掌声中，企业家转过身来，慢慢地把那把小锤揣进兜里。然后说："这就是成功的秘诀，想要有所成就，就必须有专注的精神和坚持的毅力。你们几位做到了。"

生活中，人们通常无法专注地做一件事，就像没有耐心等待企业家把铁球敲到荡起来那样，所以，我们依然在过着碌碌无为的生活。我们要做成一件事，首先需要专注，即一次只做一件事情，千万不可左顾右盼，干扰心思。

"一次只做一件事"，这可以使我们静下神来，心无旁骛，一心一意，就会把那件事做完做好。倘若我们见异思迁，心浮气躁，什么都想抓，最终猴子掰玉米，掰一个，丢一个，到头来就会两手空空，一无所获。

工作中，你很专注地干过一件事情吗？全身心地投入24小时不想别的，心里就一件事情那种感觉，有亲身体会的人才知道。专注的力量很大，它能把一个人的潜力发挥到极致，一旦达到那种状态就没有了自我的概念，所有的精力集中到了一点。

现实中，女人只有做到"一心不乱"，才能做事全心全意，一心投入，才不会为无关的事所干扰。这样一来，我们就能全力集中于自己的目标，那么，也就能真正地做到"一心不乱"，并终成正果。

女人因为认真而美丽

每个女人都有选择自己生活方式的权利，但一定要认真，对自己，对工作，对生活，这样的女人就算不是天生丽质，也有一种自信从容的美，只有这样一种美才能和时间对抗。

人生只有一次，而且时光短暂易失，没有比这仅有一次的人生更值得我们去认真对待的了。不管我们的人生发生什么样的事情，遇到什么样的人，我们都应该认认真真地对待我们生命中的每一分、每一秒。我们为什么不能做到更好呢？结果也许是重要的，但与过程相比则算不上什么，人生原来也只是一个过程而已。

因此，不管结果如何，我们都应该认真地对待每一件事情，力求将其做到最好。也许认真无法保证获得丰收。认真是行而下层面的行为，但它收获的往往是行而上层面的满足，它使人生的原生态得以展示，亦使人生的丰富性得以体现。

过去有一位年轻和尚，一心求道，希望有日成佛。但是，多年苦修参禅，似乎没有进步。

有一天，他打听到深山中有一破旧古寺，住持某老和尚修炼圆通，是得道高僧。于是，年轻和尚打点行装，跋山涉水，千辛万苦来到老和尚面前。两人打起了机锋。

年轻和尚：请问老和尚，你得道之前，做什么？

老和尚：砍柴、担水、做饭。

年轻和尚：那得道之后，又做什么？

老和尚：还是砍柴、担水、做饭。

年轻和尚于是哂笑：那何谓得道？

老和尚：我得道之前，砍柴时惦念着挑水，挑水时惦念着做饭，做饭时又想着砍柴；得道之后，砍柴即砍柴，担水即担水，做饭即做饭。这就是得道。

老和尚的一句"得道之后，砍柴即砍柴，担水即担水，做饭即做饭"道破了禅机。的确，认认真真地去干好手中的每一件事情便是得道。认真对于我们每一个平凡的人来说都是一种生活姿态，一种对生命历程完完全全地负起责任来的生活姿态，一种对生命的每一瞬间注入所有激情的生活姿态。

如果一个女人对人生抱着一种敷衍的态度，只想"做一天和尚撞一天钟"，那么，你终将一无所有。只有认真做人，认真做事，做一个有责任心的女人，你才能登上理想的阶梯。

10 年前，佳蓉的公司才刚刚起步，本来已经步入正轨的公司却因一个大客户突然破产，公司的生意受到极大打击，一下子陷入困境。她和丈夫几经思量，决定将他们的公司搬到南方沿海城市重新开始发展。当时做决定的时候，家里人并不赞同。

佳蓉说："说实在的，家人当时都不赞成我出来，因为要背井离乡，真的是一个很大的未知数。但是老家已没有退路，只有搬到经济发达的城市，再开辟一片自己的天空。"佳蓉和丈夫毅然在深圳开始了他们事业的打拼。

事业的起步充满了艰辛。公司所有的事情，佳蓉和丈夫都亲力亲为。丈夫负责公司的经营策略和产品开发，佳蓉负责公司业务、工厂管理，还兼财务主管、报关、接洽客户等。他们不但要开拓客户，还要改变自己的销售模式，其中的艰辛难以言表。

"一做事情，我就会完全沉迷进去，一直做、一直做，边通电话，边看订单，常常是这样子的。"佳蓉回忆起创业的情景时这样说。凭着良好的信誉以及不懈的努力，公司开始一步步走出了低谷。在这 10 年间，佳蓉在客户培养上花费了不少心思，公司一步步向前发展，目前还在不断扩充，投资开始多元化。

近几年社会上出现了招工困难的情形，佳蓉从内部管理做起，调整员工福利待遇，留住人才。现在公司不但拥有专业设计人员，而且拥有英语 8 级的办公室文员，稳定的人才队伍是公司不断成长的有力保证。

佳蓉的丈夫也曾经担心妻子太累，但他知道佳蓉是一个十分认真的人，当决定要去做一件事情时，就会尽心去做。他也一直很欣赏这一点，现在他成为妻子最大的支持者。

佳蓉是一个认真的女人，她对生活独特的理解以及对人生坚韧的信念，诠释了这个命题：认真的女人最美丽！认真的女人是最富有的，她也许是一个平凡的人，但绝对不会是一个平庸的人，她的生命将因为她的认真而变得充实。她没有虚度年华，她的生命在认真对待每一件事情中富有了巨大的意义。

荷兰思想家斯宾诺莎一生贫困潦倒，以打磨眼镜片维持生活。白天，他在昏暗狭小的作坊里一丝不苟地淬炼、打磨、装配，每个程序都精益求精，劳动状态几乎比夜晚在灯下写哲学著作还要虔诚。在他生活的城市里，没有人意识到斯宾诺莎将会成为影响人类精神领域的大思想家，却都知道他是手艺精湛的工匠。艰辛的劳动使斯宾诺莎双目失明，英年早逝。但若没有认真打制眼镜片的劳动姿态，也就不可能有在思考和写作中燃烧自我的精神境界。前者为后者奠定了寻求永恒价值的根基，后者是前者在另一种劳动形态上的升华。在为世人寻求光明这个意义上，斯宾诺莎打制的每一副镜片与写下的每一页手稿都具有同等的价值。

通过"认真"这扇发掘人类高贵性的窗口，我们的心房将洒满黄金般的阳光，所有的沮丧与失望将被战胜。认真是我们用以观察和感觉宇宙的全部推力和压力的方法，它在最细微的缝隙中发挥作用，但它展开了宽广的前景，以认真的姿态生活的人，也正脚踏实地地走在通向成功的道路上。

认真的女人就是绽放的玫瑰，无惧伤痕挫折，无惧风吹雨打，美丽地绽放自己生命的缤纷，就算在岁月中流逝了青春，她依然是最美丽的女人，认真的女人是一道永远亮丽的风景！

用真心感知自我，认识你自己

人要充分认识自己，认识自己的不足，了解自己的优点，因为人无完人，这世界上没有十全十美的事物，而我们做到了时刻认清自己，就能够保持理智的心态，有了理智的心态人不会过于冲动，会冷静地对待自己所遇到的事情。

　　现实中，当我们与他人产生误会或分歧时，我们总是抱怨别人不了解自己，不明白自己的想法。扪心自问，我们了解自己吗？我们知道自己的优点与缺点吗？我们总是追求那些得不到却没有真正想那是不是自己最想要的。因此，我们要用真心感知真自我，从而全面认识自己。

　　俗话说："金无足赤，人无完人。"每个人的外在形象与内在素质都存在着自己的优势与不足。全面认识自己，既要看到自己的优点，也要看到自己的缺点。

　　在某个城市的一栋摩天大楼里，物业公司的老板每个月都为昂贵的电梯修理费而苦恼。由于楼很高，电梯不是随时在某一个楼层等乘客，大楼里又居住着很多人，当乘客们在等电梯时，往往等得不耐烦，他们就一直连续按电梯钮，于是，电梯钮坏的很快。

　　尽管这个物业公司的老板在电梯旁贴了很多告示，都没有任何作用，最后他贴出悬赏通告，如果有人能使乘客改变这种习惯，给予厚奖。

　　结果，一位心理学家在电磁门上装上一面大镜子，轻易解决了这个问题。因为镜子使乘客看到自己的猴急样，只要一站到镜子前，人人都变得有礼貌了，原先熙熙攘攘的一群人，在镜子前都变成了绅士、淑女，耐心等电梯，这就是镜子的妙用。

　　这个故事告诉我们，我们要全面认识自己。很多时候，人不是故意要做出某些恶行恶态，只是不知自己这样做是什么样子，苦于不自知而已。身为平庸的人们，之所以没有做出一番成就，主要是因为他们没有充分认识自己的优势，而在弱势上奋力挣扎。

　　发现你自己、做自己的伯乐，你的人生就是一片光明。所以，生活中的我们应该用真实感知自我的存在，充分发挥自身优势的作用，为自己而活，这样才能拥有一个真正有血有肉的人生。

有一次，一个禅师和一个偶遇的青年男子结伴同行，天黑了，那个男子邀请禅师去他家过夜，对禅师说道："天色已晚，不如在我家过夜，明日一早再行赶路？"

禅师当然不胜感激，急忙道谢，与他一同来到了他家。半夜的时候，禅师听见有人蹑手蹑脚地来到了他的屋子里，禅师大喝一声："谁？"

那人被吓得摔倒在地上，禅师打开灯一看，原来是白天和他同行的青年男子。

"怎么是你？哦，难道你留我过夜是为了抢我的钱财！可是我一个出家人能有多少钱！你要想要钱，就去干大买卖！"

青年男子这才说道："可是，我不知道怎么做大买卖，你能教我怎么干大买卖吗？"此时，青年男子的的态度显得恳切而虔诚，眼中充满了期待。

禅师看他这样，缓慢地说道："可惜呀！你放着终生享用不尽的东西不去学，却来做这样的小买卖。这种终生享用不尽的东西，你想要吗？"

青年男子问："这种终生享用不尽的东西在哪里？"

禅师突然紧紧抓住男子的衣襟，厉声喝道："它就在你的怀里，你却不知道，身怀宝藏却自甘堕落，枉费了父母给你的身子！"

真是一语惊醒梦中人！这个人从此改邪归正，拜禅师为师，后来成为一名著名的禅僧。

每一个人在他的生命之中，总会失去一些东西，但是那个始终伴随你的，就是你的真自我。生活中，你虽然没有别人英俊潇洒，但你可能身强体壮；你虽然不会琴棋书画，但你可能思维敏捷，逻辑清晰……上天不会给人全部，但他绝对不会亏待你，所以你一定要做自己的伯乐，发掘自己的潜能，只要你不放弃自己。

世界上有一些著名影视明星、歌手，他们曾经大红大紫，名噪一时，最后却以悲剧结束一生。究其原因，一位作家认为，在舞台上他们永远需要观众的掌声来肯定自己。但是由于他们从来不曾听到过来自自己的掌声，所以一旦下台，回到自己的住处时，便会备觉凄凉，觉得听众把自己抛弃了。

心态好的女人能够全面认识自己，懂得扬长避短，积极改正自己的不足，她们知道同样的错误不能犯两次的道理。心态好的女人会积极地生活、学习，会对工作有满腔热忱，她们身上会有一股很特别的干劲，这干劲是一种不竭的动力，这动力让人不断地向前进，使人生的脚步更加从容有力量，使热爱自己的生命成为不变的责任，人活着要有意义、有价值。

用真心感知自己的女人通常有一个很好的心态，有一颗对自己负责任的心，对自己的生命有深深的爱，这份爱一定是深沉的，她会有高度的自律，她会把自己的一切尽可能安排妥当。

如果女人愿意去花点儿时间了解自己，那么你就能够活出自己的价值。这些价值与你最在意的东西是息息相关的。每日自我反省有助于让你看清你想成为什么样的人。你会一天更比一天多了解自己，你也会成为你想要成为的那个人。

尼采曾经说过："聪明的人只要能认识自己，便什么也不会失去。"女人只有正确认识自己，才能充满自信，才能使人生的航船不迷失方向。正确定位自己，才能正确确定人生的奋斗目标。只有有了正确的人生目标，为之奋斗终生，才能此生无憾，即使不成功，自己也会无怨无悔。

勤能补拙，生命是一个积累的过程

一个女人可以不聪明，不漂亮，但却不能不勤奋。因为聪明和漂亮都是天生的，但通过勤奋却能弥补上天的不足。

古语云："天道酬勤。"也就是说，天意会厚报那些勤奋、敬业的人。勤奋是通往成功的敲门砖。大千世界，五彩缤纷，人们很容易左顾右盼，见异思迁。但成功往往钟爱的只是不畏辛劳、甘洒血汗的勤奋者。

好心态的女人深知勤能补拙的真谛，生命是一个积累的过程，通往成功的道路必将是无数次失败铺就的。人的一生是短暂的。一个人在短暂的一生中要真正成就一番事业，那就一定要勤奋。古往今来，凡事业有成者，无一不是事业的勤奋执着的追求者。

曾国藩是中国历史上最有影响力的人物之一。他的人生，他的智慧，他的思想，深深地影响了几代中国人，以至他虽已去世一百余年，提起曾国藩，人们仍然津津乐道。有的评论者说：如果以人物断代的话，曾国藩是中国古代历史上的最后一人，近代历史上的第一人。这句话从某一角度概括了曾国藩的个人作用和影响。

曾国藩虽然对中国影响比较深远，可是他小时候的天赋却不高。有一个故事可以证明他当时有多么愚钝。

有一天晚上，曾国藩在家读书，他对一篇文章反复诵读，不知到底读了多少遍，就是记不住，他只好一直读下去。

那天晚上，正好有一个小偷儿来到他家。听到曾国藩的读书声，不敢行动，只好先到屋檐下，希望等曾国藩休息之后再行动，拿走点儿值钱的东西。但这个小偷儿等啊等，就是不见他睡觉。因为曾国藩一直背不会，总是在那里翻来覆去地读那篇文章。

小偷儿等得太久就生气了，于是，他索性跳出来说："你这种水平还读什么书？我在外面都听会了。"小偷儿熟练地将那篇文章背诵一遍，扬长而去！

这个小偷确实很聪明，至少比曾国藩的智商要高得多，但是他只能成为贼，而曾国藩却因勤奋学习而成为了历史上一个影响深远的人。

"勤能补拙是良训，一分辛苦一分才"。成功和辛勤的劳动是成正比的，有一分劳动就有一分成功的积累，日积月累，从少到多，奇迹就可以创造出来。

古语说："不积跬步，无以至千里；不积小流，无以成江海。"成功从来都不是一蹴而就的，成功是一个不断积累的过程。因此，女人不要在乎一时的得失，也不要和别人比高下，关键是注重自己内在真实的累积。

张艺谋是在国际影坛最具影响力的华人导演之一，也是中国大陆第五代导演的代表人物之一。他曾获得过美国波士顿大学、耶鲁大学荣誉博士学位，其拍摄的电影多次获得国际电影节大奖。2008年，他成功执导北京奥运会开幕式。其代表作《红高粱》被认为是中国电影走向世界的新开始，《英雄》则是开启了中国电影的大片时代。

张艺谋的成功在很大程度上来源于他对电影艺术的诚挚热爱和忘我投入。正如传记作家王斌所说的那样："超常的智慧和敏捷固然是张艺谋成功的主要因素，但惊人的勤奋和刻苦也是他成功的重要条件。"

张艺谋曾经自我评价说："我不敢说自己是中国最好的导演，但我敢说我是中国最勤奋的导演。"事实正是如此，他拍《红高粱》的时候，为了表现剧情的氛围，他亲自带人去种出一块100多亩的高粱地；为了"颠轿"一场戏中轿夫们颠着轿子踏得山道尘土飞扬的镜头，张艺谋硬是让大卡车拉来十几车黄土，用筛子筛细了，撒在路上。

在拍《菊豆》中杨金山溺死在大染池一场戏时，为了给摄影机找一个最好的角度，更是为了照顾演员的身体，张艺谋自告奋勇地跳进染池充当"替身"，一次不行再来一次，直到摄影师满意为止。

1986年，摄影师出身的张艺谋被吴天明点将出任《老井》一片的男主角。没有任何表演经验的张艺谋接到任务，二话没说就搬到农村去了。

他剃光了头，穿上大腰裤，露出了光脊背。在太行山一个偏僻、贫穷的山村里，他与当地乡亲同吃同住，每天一起上山干活儿，一起下沟担水。为了使皮肤粗糙、黝黑，他每天中午光着膀子在烈日下曝晒；为了使双手变得粗糙，每次摄制组开会，他不坐板凳，而是学着农民的样子蹲在地上，用沙土搓揉手背；为了电影中的两个短镜头，他打猪食槽子连打了两个月；为了影片中那不足一分钟的背石镜头，张艺谋实实在在地背了两个月的石板，一天3块，每块150斤。

在拍摄过程中，张艺谋为了达到逼真的视觉效果，真跌真打，主动受罪。在拍"舍身护井"时，他真跳，摔得浑身酸疼；在拍"村落械斗"时，他真打，打得鼻青脸肿。更有甚者，在拍旺泉和巧英在井下那场戏时，为了找到垂死前那种奄奄一息的感觉，他硬是三天半滴水未沾，粒米未进，连滚带爬拍完了全部镜头。

张艺谋的成功也不是突然发生的。我们往往只看到成功人士辉煌的一面，却不了解他们背后所付出的艰辛与汗水。生命是一个成长的过程，我们一生之中所遇到的每一个人、发生的每一件事、每一次的成功、每一次的失败、每一次的痛苦、每一次的快乐，交织成其独特的自我及今日成功的结果。人生不管好事、坏事，都会产生连锁效应。

成功的人有千万，但成功的道路却只有一条——勤奋。如果你有天分，勤奋会使你如虎添翼；如果你没有天分，勤奋将使你赢得一切。命运掌握在那些勤勤恳恳工作的人手中。推动世界前进的人并不是那些严格意义上的天才，而是那些智力平平却非常勤奋、埋头苦干的人；不是那些天资卓越、才华四射的天才，而是那些不论在哪一个行业都勤勤恳恳、劳作不息的人们。

在这个日新月异的时代，女人必须把勤奋当作成功的唯一途径。为自己未来的发展奠定基础，以保证自己在激烈的竞争环境中生存下去。

在爱与善中驱散坏情绪

坏情绪也有很多一部分是来自我们本身的原因。尤其当我们遇到一些特殊情况时，一个人心情不好，情绪波动是很正常的，也是很必要的，但关键就要看我们能不能在爱与善中驱散它。

在我们的生命历程中，每个人都可能遭遇到来自情绪方面的困扰，比如恐惧、焦虑、愤怒、怨恨、伤心……这些坏情绪将直接影响着我们的工作和生活，尤其对原本就非常情绪化的女人来说，更是成就美好人生的最大障碍。

生活中，我们经常看到有人因为发了脾气而把事情搞得一团糟，其中的原因不是这个人不具备处理事情本身的能力，而是不懂如何驱散不良的情绪，从而导致事情变得更加糟糕。一个人的心情和生活的状态有着很紧密的联系，心情好，对工作和生活也抱有积极、乐观的心态。美国石油大王洛克菲勒就是一个能正确对待自己坏心情的阳光人士。

一次，洛克菲勒被卷入一个案件中。当时在法庭询问时，对手律师的态度明显怀有恶意，甚至有羞辱之意。洛克菲勒知道自己所做的一切都没有逾越法定程序，而对手不过是因贪欲起了邪念，双方才上了法庭。

冷静的洛克菲勒还明白，此时一定要控制好自己的情绪，千万不能和对方的律师一样鲁莽，更不能让自己这种气愤的心情有所流露。

"洛克菲勒先生，我要你把某日我写给你的那封信拿出来。"对方律师很粗暴地对他说。洛克菲勒知道，这封信里面有很多关于美孚石油公司的商业机密，而这个律师根本就没有资格来问这件事情。但他却没有进行任何的反驳，只是静静地坐在自己的座位上，没有任何表示。

"洛克菲勒先生，这封信是你接收的吗？"法官开始发问。

"我想是的，法官先生。"

"那么你回那封信了吗？"

"我想没有。"

这时法官又拿出许多别的信件来，当场宣读。

"洛克菲勒先生，你能确定这些信都是你接收的吗？"

"我想是的，法官。"

"那你说你有没有回复那些信件呢？"

"我想我没有，法官。"

"你为何不回那些信呢，你认识我，不是吗？"对方律师开始插嘴。

"是的，当然，我想我从前是认识你的。"

这时，对方律师再也按捺不住坏情绪了，甚至有点儿开始暴跳如雷了。而洛克菲勒还安静地坐在那里，不做过多辩解。

法庭寂静无声，除了对方律师的咆哮声。

最后对方律师因为情绪的激动失控，把真相说漏了嘴，被法官当场听到，最终结果可想而知。而洛克菲勒不仅赢得了官司，还在美国人眼中留下了一个很优雅的形象。

洛克菲勒在案件的受审过程中，一直保持着冷静的状态，在面对对方律师粗暴的询问时一直都保持着一种很平和甚至是不动声色的态度。也正是这样不动声色的态度让他赢得了这个艰难的官司，并一举挫败了对手的阴谋。可以想象，如果洛克菲勒也控制不住被对方激怒的坏情绪，必将掉入对方设计的陷阱之中。

在生活中，我们有可能受他人的行为或心情的影响，导致自己的坏情绪发生。这时，尤其要注意控制住自己的坏情绪，不让它引发更恶劣的后果。

洛平是一位大学的老师，长相漂亮，性格温和，刚刚36岁的她已经是外语系的一名副教授了。

学生们在课堂上第一次见她，都觉得眼前一亮，好一个美丽的女子！身着牛仔裤，套头毛衣，自然卷曲的头发像海藻一样蓬蓬勃勃随意散落在背上。她的美是一种温和的，不带任何侵犯性的美，带着一些异域的风味。

一节课下来，洛平的魔力已经打动每个学生的内心。她有一口纯正的美国口音，听她讲课永远是一种享受。她的课，不拘谨，不造作，也不刻意去卖弄，就那样把人自然而然带入到美国文化中去。下课了，大家总是意犹未尽。学生们都亲切地喊她洛姐姐。

课下，学生都喜欢和她在一起，女生们更叽叽喳喳地和她讨论皮肤的保养和减肥这些永远说不厌的话题，分不清谁是老师，谁是学生。

与学生们熟悉了，有的学生就像朋友那样问她："洛姐姐，你的个人条件和工作能力都这么优秀，一定有一个幸福甜蜜的家庭吧？"洛平才向学生们讲起自己的家庭。

洛平在结婚之前，一路上走得都很顺。家庭环境不错，学习成绩更不用说，从小学到大学，又选择了自己最喜欢的外语专业，如愿考上硕博连读。这一度让这个心高气傲、争强好胜的女孩儿觉得，学习、工作，就连找个男朋友，也得比别人的强。

刚参加工作后，洛平就遇到了一个优秀的男人。不久，他们就幸福地步入了婚姻的殿堂。结婚一年后，洛平又生下一个儿子。他们沉浸在幸福的三口之家中。就在儿子稍微长大些，夫妻二人却发现儿子不太对劲，就到医院做了检查，医生诊断为脑瘫。

天啊，这个消息如响雷一样炸乱了洛平的幸福。确诊了病情后，她也绝望过，这对于一个心气强的女人来说是多大的打击。但是洛平一想到，这是自己的儿子，既然给予了他生命，她就要对他负责。于是，她不抱怨，努力给儿子创造一个快乐的生活的氛围，让他享受到生命的权利。

丈夫感觉生活没有了希望，要求再生一个。洛平就对丈夫说："我们如果再生一个，势必不能对这个孩子全心照顾，并保证给予他和另一个孩子同等的爱。这个孩子已经遭遇生活的不公了，我们不能再对这个孩子有一丝的疏忽。"丈夫最终听从了她的意见。

如今，这个孩子已经5岁了。5年来，每到周末，洛平没有任何娱乐，永远是躲在家里陪孩子做物理治疗，不停地重复着一个个简单的、对别的孩子而言是那么容易的动作。练得累了，母子俩也是咯咯笑着滚作一团。

在家里，在外面，洛平永远都是笑靥如花。她说："我不是装出来的，我是真的接受了这个现实。不再好胜，但还要强。"

她拒绝满腹心事，因为那等于用行为告诉孩子：你是一个负累。

洛平说，她坚信只要自己心中有爱，不产生影响孩子的坏情绪，这个孩子在她和丈夫的关爱中成长，病情会有所好转。尽管他的行为比别的孩子慢一些，腿不够自如，但这已经是一个很大的进步了。她相信自己的孩子总有一天能和正常的孩子一样。

洛平对生活带来的不幸，她没有抱怨命运不公，而是用一颗爱心浇灌着这个不幸的孩子，内心世界美丽的她在生活中同样优雅。她不仅是学生眼中的优秀教师，更是孩子心中最善良和最有爱的妈妈。

师者，所以传道授业解惑者也。洛平满腹才华，授业解惑自然不在话下。而她用自己对生活的态度，将这个"传道"做了最精彩的诠释，这恐怕才是最重要的吧。